大廚到我家2

廚房×四季 邱寶郎的

吃當令享美味的101道私廚菜譜

作者／邱寶郎

來看看台灣四季最美，跟著大廚吃四季吧！

諺語說所有食物都是吃時令，吃當季是最好的選擇。在台灣一年四季都舒適，也因為四季分明，加上精緻農業發達，我們的蔬菜水果，品質都是最好最棒的！

很多人說台灣四季如春，但是還是各有季節表述，各有盛產大出之際。
春天有春筍、菠菜、甜椒、甜豆、洋蔥等～
夏天有苦瓜、絲瓜、黃瓜、冬瓜、南瓜、茄子等等瓜果類居多～
秋天有秋葵、菱角、蓮藕、栗子、山藥、四季豆等～
冬天有大白菜、白蘿蔔、芥菜、花椰菜、菜心、青椒、芹菜等～

台灣一年四季蔬菜百百種，根莖類、葉菜類、水耕類，每一種類蔬菜都有自己的烹煮方式，如果料理方法錯了！有可能會讓蔬菜甜味流失、變色，就不會像餐廳炒得那麼美麗又好吃了。

《邱寶郎的四季廚房》這本書我結合了台灣各式蔬果，選擇大家耳熟能詳的食材一起調配，再與各種菜系變成好吃的家常菜。有客家菜客家南瓜炊飯、九層塔炒茄子、外省菜八寶毛豆炒肉醬、泰國菜檸檬魚、台灣料理芒果炒牛柳、熱炒店涼拌笈白筍、吃飽料理紅蟳米糕、廣東料理芥藍炒三鮮、經典苦瓜盅等，每道菜都有我的獨門好吃重點和圖片教學，保證不難、保證好學，成功複製率 99% 喔！

四季廚房就是你家廚房，完全以台灣的蔬菜、飲食習慣，少油，少鹽多健康的概念，來設計大家愛吃的家常菜口味，簡單幾個步驟即可變大廚出大菜了，有了這本書，就可以舉一反三，化繁為簡，來看看台灣四季最美，跟著我邱主廚吃四季吧！

邱寶郎

目錄
contens

07 ／來看看台灣四季最美，跟著大廚吃四季吧！

Chapter 1

春季料理 *Spring*

013 ／**大廚基本功** ──
美好一餐從米飯開始

015 ／客家南瓜飯
延伸料理 南瓜蟹肉羹

016 ／五目炊飯

017 ／**大廚基本功** ──
台灣經典好米知多少？

019 ／歐姆蛋

020 ／美式嫩蛋

021 ／日式起司厚蛋燒

023 ／芋頭粉蒸肉
延伸料理 芋頭燒肉

025 ／洋蔥炒肉條

027 ／彩椒炒雞肉
延伸料理 甜椒炒蝦球

029 ／茄子夾肉

031 ／九層塔炒茄子
延伸料理 醬燒茄子

033 ／素炒干貝杏鮑菇
延伸料理 金沙杏鮑菇

035 ／八寶毛豆肉醬
延伸料理 肉末炒毛豆

037 ／芋頭算盤子

039 ／番茄牛肉麵
延伸料理 番茄燉牛肉

041 ／番茄豆腐蔬菜湯

043 ／牛蒡燉雞湯
延伸料理 芝麻牛蒡絲小菜

045 ／芋頭西米露

047 ／地瓜煎餅
延伸料理 芋頭煎餅

049 ／梅汁小番茄

Chapter 2

夏季料理 *Summer*

051 ／大廚基本功 ——
廚房裡的油品和粉類

052 ／百香果拌苦瓜

涼拌梅汁苦瓜

053 ／薑汁番茄

化應子番茄夾

054 ／涼拌大頭菜

055 ／醋味涼拌拍黃瓜

057 ／蛤蜊絲瓜麵線

延伸料理 絲瓜炒蛋

059 ／鳳梨炒飯

061 ／竹筍斧飯

延伸料理 竹筍鹹稀飯

063 ／芒果炒牛柳

延伸料理 芒果莎莎醬雞柳

洋蔥炒牛柳

067 ／清蒸檸檬魚

延伸料理 干貝檸檬魚

069 ／金銀雙蛋炒莧菜

延伸料理 小魚炒莧菜

071 ／香拌茭白筍

延伸料理 辣炒鹹蛋茭白筍

073 ／竹筍燒肉塊

延伸料理 竹筍炒肉絲

075 ／冬瓜燴煮瑤柱

延伸料理 紅燒冬瓜

077 ／苦瓜盅

延伸料理 大黃瓜鑲肉

079 ／香煎豬排配生菜

延伸料理 香煎雞排

081 ／莧菜魩仔魚羹

延伸料理 莧菜豆腐湯

083 ／冬瓜薏仁排骨湯

延伸料理 冬瓜蛤蜊湯

目錄
contens

Chapter 3

秋季料理 *Autumn*

085 ／大廚基本功——
　　　台灣廚房的調味重點

087 ／香菇雜炊飯

089 ／紅蟳米糕

091 ／扁蒲鮮肉鍋貼
　　　延伸料理 蝦米炒扁蒲

093 ／馬鈴薯咖哩雞
　　　延伸料理 馬鈴薯蘋果沙拉

095 ／芥藍炒三鮮
　　　延伸料理 沙茶芥藍炒牛肉

097 ／菱角燒排骨
　　　延伸料理 涼拌菱角

099 ／筍乾滷肉

101 ／西洋芹炒透抽

103 ／蓮藕燉肉
　　　延伸料理 紅燒藕片

105 ／麻醬秋葵
　　　延伸料理 秋葵炒蛋

107 ／玉米蔬菜海鮮煎餅
　　　延伸料理 玉米炒蝦仁

109 ／素燴香菇麵筋

111 ／白果雞丁炒甜豆

113 ／蓮藕花生排骨湯
　　　延伸料理 蜜汁蓮藕

Chapter **4**

冬季料理 *Winter*

115 ／大廚基本功──
台菜一定要有的爆香材料

117 ／麻油雞飯

119 ／高麗菜豬肉水餃
延伸料理 黃金玉米豬肉餡

121 ／培根炒高麗菜
延伸料理 臘肉炒高麗菜

123 ／大白菜豬肉卷
延伸料理 奶油焗白菜

125 ／蘿蔔燴瑤柱
延伸料理 白蘿蔔片夾肉蒸

127 ／客家鹹豬肉
延伸料理 蒜香鹹豬肉

129 ／芹菜炒魷魚
延伸料理 芹菜炒豆皮

131 ／咖哩花椰菜

132 ／馬鈴薯煎蛋

133 ／蘇格蘭雞窩蛋

135 ／海鮮炒雙色花椰菜

137 ／白菜豬肉鍋
延伸料理 上湯煨娃娃菜

139 ／白蘿蔔清燉羊肉湯
延伸料理 清燉藥膳羊肉爐

Chapter

1

春季料理

春季是美好的季節，

萬物生長、萬象更新，

只是春天後母心呀～

天氣常是晴時多雲偶陣雨的溫度多變化，

一不小心就容易成為疾病好發的時節，

所以我們從清淡飲食開始，

溫補陽氣讓腸胃好吸收，

提高免疫力，大家都能好健康。

大地的美味

| | 牛蒡 | 番茄 | 麻竹筍 | 洋蔥 |

| | 茄子 | 菇類 | 芋頭 | 地瓜 | 南瓜 |

大廚基本功

美好一餐從米飯開始

Q1 米飯是主食,那要怎麼煮飯最好吃?

白米飯:水1杯,米1杯,3滴食用油/無須浸泡。

白米+地瓜或竹筍類粗糧:水0.8杯,米1杯浸泡30分鐘/食用油3滴。

白粥:白米1杯浸泡30分鐘,水5杯。

十穀米:十穀米1杯要浸泡3小時,水1.3杯。

Q2 如何選擇適合的米做料理?

平常吃:單純白米飯或搭配地瓜南瓜等粗糧,當然也能搭配成多穀米的比例高纖多健康,但要注意部份疾病者不能吃多穀雜糧飯,如:胃潰瘍。

炒飯:台農71香米最適合,香Q易煮,芋頭香氣讓家人更加胃口大開。

煮粥:台梗九號煮粥最能增加黏稠度,米粒也較為紮實,煮粥香氣再結合蔬菜淡雅又不搶味。

飯糰:最適合使用長糯米,因為黏性不會太多,做飯糰比較不會糊糊爛爛。

Q3 台灣糯米要怎麼挑選,又怎麼區分適用料理呢?

台灣糯米分布在全省都有,特性都不同,圓糯米黏性高,長糯米黏性較低。

黑糯米/紫米:含豐富蛋白質與膳食纖維,製作椰漿飯、八寶飯,配白飯都非常搭。

紅糯米/紅粟米:是台灣阿美族的傳統作物,紅糯米裏著紅色的麩皮,含有豐富的花青素,是天然的抗氧化劑,通常都是對白米煮白飯,或者是做成糕點食用。

Q4 台灣高溫潮濕時間長,請問米要怎麼買和保存最好呢?

建議依家裡食用的人數來購買白米分量,不建議一次買太多,4人小家庭可以買2-3公斤包裝最恰當,若是2人則一次1公斤就好,因為台灣氣候較為潮濕,容易導致白米變質。

保存為買回來放入防潮米箱,放置通風陰涼處。另一種方式,買回來放入米箱,放置冷藏最底下不冷處,最安全。保存方式無論是放置通風處,或者是冷藏,都建議大家買少一點,多買幾次,盡快食用完畢最好。

南瓜蟹肉羹

材料

南瓜 500 公克
蟹腿肉 100 公克
洋蔥 1/2 粒
蒜頭 2 瓣
紅蘿蔔 50 公克

調味料

奶油 20 公克
雞高湯 1200cc
玉米粉水 1 大匙
鹽巴少許
白胡椒少許

作法

❶ 南瓜洗淨去籽，切小塊；紅蘿蔔切小塊、蒜頭切片、洋蔥切絲，備用。

❷ 蟹腿肉洗淨，備用。

❸ 取一支炒鍋加入 1 匙油，燒熱，先加入作法❶材料以中火炒香，再加入所有調味料煮約 20 分鐘。

❹ 將作法❸放入果汁機打成泥狀，再放回鍋中煮熱，蟹腿肉也加入一起燴煮約 5 分鐘即可。

🍴 客家南瓜飯

砂鍋煮飯美味 **3** 步驟

用鍋子在瓦斯爐上煮飯一點都不難，比電鍋更快更香，只要記得
「**1 爆香、2 雞湯煨、3 燒鍋巴**」就能好味上桌。
南瓜不用去皮，用菜瓜布刷乾淨，連皮一起去籽切塊狀做菜，營
養更滿分，加上雞高湯一起煨，能提升南瓜鮮甜，美味停留在米
粒裡，最後要使用大火燒鍋粑更美味。

材料 ▶

南瓜 400 公克
白米 2 杯
薑 15 公克
蒜頭 1 瓣
鮮香菇 2 朵
毛豆仁 20 公克

調味料 ▶

雞高湯 600cc
鹽巴少許
白胡椒少許
香油 1 小匙

作法 ▶

1　將南瓜使用刷子刷乾淨不去皮，再切成小塊狀；白米洗淨略泡 15 分鐘，備用。
　　TIPS：白米先泡過再入鍋，口感能更加 Q 嫩順口。

2　薑、蒜頭切碎；鮮香菇切小丁，備用。

3　取一支炒鍋，加入 1 大匙油，以中火爆香薑、蒜、鮮香菇，再加入南瓜、白米翻炒均勻。
　　TIPS：炒至香味均勻即可，不須過久，以免南瓜過爛。

4　最後再加入所有調味料，轉中小火煨煮約 12 分鐘，再關火悶 10 分鐘即可。

挑**南瓜**很重要！

南瓜飯的重點在選擇好南瓜，有以下幾點重點，要注意。

1 外表要完整，不可以有蟲蛀。

2 顏色要一致，黃色、綠色都要一致。

3 蒂頭不可以掉，如果蒂頭越乾甜度越高，夠熟的南瓜表面越硬。

4 表面紋理要明顯，表示有熟化。

🍴 五目炊飯

高纖蔬菜炊煮口感不變

五目炊飯沒有固定食材，就是蔬菜飯美味 3 重點，可依季節產盛或喜愛的五種菜肉組成，強調多元飲食。

❶ 五色蔬食和米飯的組合，搭配盡量鮮豔，賣相漂亮，營養也大提升。

❷ 蔬菜的挑選可以隨季節或喜好隨意搭配，但盡可能使用高纖維、耐煮不變色的蔬菜，如：胡蘿蔔、蓮藕、竹筍及各式菇類，燉煮過程中顏色與口感才能維持不流失。

❸ 食材一定先放入鍋中炒香，鍋氣十足時與白米同煮，味道才能鎖住與釋放出自然鮮甜味。

材料

白米 1 杯
鴻喜菇 1/3 包
紅蘿蔔 50 公克
四季豆 6 根
芋頭 150 公克
西芹 1 根
紅甜椒 1/3 粒
薑 20 公克

調味料

蔬菜高湯 360cc
香油 1 大匙
鹽巴少許
白胡椒少許

作法

1 取白米洗淨，再泡水約 20 分鐘，備用。

2 將薑洗淨切絲，紅蘿蔔、芋頭去皮，和鴻喜菇、西芹、紅甜椒都洗淨切小丁，備用。

   TIPS：蔬菜丁不宜過大，大約略大於 0.5 公分寬的小丁最適宜。

3 取一支炒鍋，加入 1 大匙香油燒熱，先放入薑絲小火爆香，再加入白米以中火翻炒均勻。

   TIPS：白米入鍋需要持續翻炒才會受熱均勻，以免口感不一。

4 接者依序加入所有蔬菜丁與所有調味料稍微拌勻，全部放入電鍋內鍋，加入高湯，外鍋一杯水，煮至電鍋開關跳起再悶 5 分鐘即可。

   TIPS：如果用砂鍋可以同鍋中小火煮約 15 分鐘，熄火略燜 5 分鐘即可。

台灣經典好米知多少？

蓬萊米 / 梗稻

蓬萊米就是我們最常吃的也最常見的尋常白米，外觀圓圓、短短、顏色較為透明，白色澱粉質也較明顯，易煮，黏性與 Q 度適中。

香米 / 台農 71 號

香米生長於台中霧峰，是由台灣種與日本種合作而成的香米（此香米非泰國香米），外觀圓潤飽滿、短小圓胖，在煮的過程有非常濃郁的芋頭香氣，口感非常好，香氣足，最適合煮白飯使用。

在來米 / 秈稻

在來米形狀細長、透明度高，在煮熟時吃起來口感較為鬆乾硬實，一般不會拿來當米飯食用，常在泡水至少 6 小時後，打磨成米漿後製作糕粿，如蘿蔔糕、芋頭糕、碗粿，或是磨成米穀粉等。

台梗 2 號

台梗 2 號米生產地為花東、嘉南平原，米粒較大，米粒中間的心扎實，白色部分較少，是米粒中上等貨種，煮熟米粒味道更加濃郁。料理適合炒飯，賣便當飯。

台梗九號

台梗九號主要產地花東，台中，彰化，雲林，在台灣是常見的品種，粒粒飽滿晶亮，顆顆精挑細選，烹煮時就有香濃的米香散出，口感軟又有黏性，常用於做壽司飯，也俗稱壽司米。

越光米

主要產地為二林，外觀粒粒飽滿，晶瑩剔透，在台灣眾所皆知，也頗受日本人喜愛，尤其在做握壽司時米飯口感香滑軟 Q，煮好飯保有較完整 Q 度及水分呈現，還有恰恰好的黏稠度。

圓糯米

圓糯米外觀較圓且潔白，短小，黏性很強，最適合做客家粿料理、菜包、年糕、粿粽、湯圓、九層糕等等。

長糯米

長糯米外觀較長且潔白，黏性較圓糯米少，最適合做油飯、飯糰、珍珠丸子、包粽子等。

作法

1. 將洋蔥去皮、黃椒和紅椒去蒂及籽，均切成小丁，蘑菇切片，備用。

2. 取一支炒鍋，加入奶油燒融，將作法 1 材料一起加入鍋中，以中火先爆香後盛出，備用。

   TIPS：如果蔬菜炒的時候出水，盛出之後需要瀝乾。

3. 將雞蛋打入容器中攪散，倒入鮮奶再次攪勻並以篩網過篩蛋汁，再加入鹽巴和黑胡椒一起攪拌均勻。

   TIPS：過濾蛋汁可以把少許質地不均的蛋白濾除，口感會更軟嫩均勻。

4. 炒鍋餘油繼續燒熱，倒入作法 3 蛋汁以中火略炒至約半熟，趁著蛋汁尚未完全凝固，中央加入作法 2 炒好的蔬菜與起司絲，再將蛋向中央緩緩包捲起來即可。

   TIPS：如果蔬菜丁的水分過多，蛋和蔬菜就容易分開，無法順利包裹。

🍴歐姆蛋

油熱＋不斷攪動才嫩口

早午餐店裡最熱門的歐姆蛋也能自己做，最重要的就是「蛋」的口感，下鍋後不能嫌累，一定要不斷攪動，再掌握 3 祕訣，保證學得會又好吃。

❶ 蛋汁與鮮奶充分攪勻，還要過篩，口感鮮嫩細緻，顏色更漂亮。

❷ 搭配的蔬菜先爆香炒過，並且需將湯汁濾乾，才和快熟的蛋一起做最後的烹調，做出來的歐姆蛋口感才不會太濕。

❸ 鍋熱油熱蛋汁再入鍋，不可大火怕燒焦，以中火持續攪動（但也不能小火），才能作出蓬鬆柔軟且熟度均勻的歐姆蛋。

材料

全蛋 3 顆
鮮奶 40 cc
洋蔥 1/3 顆
黃甜椒 1/3 顆
紅甜椒 1/3 顆
蒜頭 2 瓣
蘑菇 100 公克 (約 5 粒)
起司絲 35 公克

調味料

奶油 20 公克
鹽巴少許
黑胡椒少許

挑**雞蛋**很重要！

新鮮的雞蛋是蛋料理美味的第一個要件，不管哪種品種或顏色的蛋，挑選的方式都相同。

1 蛋殼粗糙堅實，表面摸起來有粗粗的顆粒感，是新鮮的蛋品。反之，表面光滑無光澤，則代表不新鮮。

2 經過久放的蛋品，含水量下降，蛋中的氣室越大，重量感變輕，放入冷水中會浮起。

3 雞蛋殼雖然看起來堅硬，實際上仍能透氣。採購時不能貪多，如果不是洗選蛋，買回來應立即清洗乾淨，放入冰箱冷藏，才能維持新鮮度。

⫻ 美式嫩蛋

不厭其煩 **10** 秒鏟一次

(大廚
美味重點)

煎嫩蛋要切記不可以太小火，要使用中火。但要記得搶時間，大約就是中火 1 分鐘左右而已，不能燒過久以免蛋液燒焦上色，就不嫩囉！所以**鏟子約莫 10 秒鏟一次**，這樣才不會讓蛋糊糊爛爛，蛋要有層次才是完整的，以中火炒至約八分熟就能起鍋了。

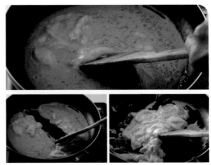

材料

全蛋 3 顆
鮮奶 150cc
培根一片

調味料

鹽巴少許
黑胡椒少許
奶油 15 公克

作法

1 雞蛋敲入碗中，再攪拌均勻，過篩後，再加入鹽巴黑胡椒攪拌均勻，備用。

2 培根洗淨，切小丁，放入已燒融奶油的鍋中，以中小火煎熟，盛入盤中，備用。

TIPS：先煎培根再炒蛋，嫩蛋會帶有培根香氣，培根略煎出香氣即可，不需要煎至出油，才能維持嫩度。

3 取一支不沾加入奶油融化，再到入鍋中，再使用鏟子慢慢推開，以單面熟即可。

🍴日式起司厚蛋燒

想煎出漂亮不破碎的厚蛋燒，除了需要一把好鍋，最重要的是「**蛋液一定要過篩**」，一次不夠就二次，最好在尚未調味前就先過篩，主要怕萬一鹽未融化就被過篩網給攔截，味道就不對了，為了確保厚蛋燒的口感細緻，蛋液上的氣泡可用牙籤慢慢點掉，成品才會光滑。

下鍋的時間點很重要，溫度高蛋才膨得起來，口感鬆軟，但溫度太高一下鍋就焦了，只有在油燒熱到稍有紋路時，可先將鍋子離火倒入蛋液（用意在稍降溫），輕輕晃動鍋子讓蛋液流動在整個鍋面定型後再回到爐灶上，重覆動作就能做出美味又漂亮的厚蛋燒。

材料

雞蛋 4 顆
味醂 20 cc
鹽巴少許
起司絲 30 公克

裝飾

蔥花 1 根

作法

1 首先將雞蛋打散後過篩，再加入味醂、鹽巴一起攪拌均勻，備用。

2 取一支方形日式煎厚蛋燒鍋具，底部抹上少許沙拉油燒熱，先倒入攪拌好的蛋液 0.1 公分，再以中火略煎一下 (反覆做三次)，煎三層，加入起司絲，慢慢的將蛋皮捲起即可盛出。
   TIPS：利用較具彈性的煎鏟會比較容易翻面整形。也可翻面直接煎雙面。

3 將煎好的厚蛋燒切成小塊圈狀，撒入蔥花即可。
   TIPS：也可利用壽司竹簾將厚蛋燒整形的漂亮。

變化新菜好容易，
直接將芋頭替換成南瓜，就是南瓜粉蒸肉啦！

延伸料理 芋頭燒肉

材料

芋頭 300 公克
豬五花肉 300 公克
蒜頭 3 瓣
薑 20 公克
辣椒 1 根
青蔥 2 根

調味料

鹽巴少許
白胡椒少許
水 600 cc
醬油少許
香油少許

醃料

紹興酒 1 大匙
水適量
鹽巴少許
白胡椒少許
香油 1 大匙
醬油 1 大匙
砂糖 1 大匙
玉米粉 1 大匙

作法

❶ 芋頭洗淨去皮，切成滾刀塊，備用。

❷ 將豬五花肉切成小塊狀，放入醃料中抓勻醃約 10 分鐘，備用。

　TIPS：豬五花肉先經過醃漬與油炸，再與其他材料燒煮，就能維持肉質的彈性，口感更佳。

❸ 再將醃漬好作法❷放入約 170℃熱油中，中小火炸至表面金黃，撈出瀝乾油分備用。

❹ 將蒜頭和薑去皮，和辣椒都切片，青蔥洗淨切小段，備用。

❺ 取一支炒鍋，倒入 1 大匙油燒熱，加入所有作法❹材料以中火爆香，再加入作法❶和❸與所有調味料拌勻，大火煮滾再改中火燒煮至熟透入味即可。

🍴 芋頭粉蒸肉

芋頭不糊化的方法

餐廳裡上菜時芋頭完整鬆軟，這是因為餐廳大廚直接將芋頭塊入熱油鍋中過油炸過，速度雖快，但對家庭來說剩下的大鍋油可怎麼辦呢？邱主廚教你，可以將芋頭塊先**以中火將表面半煎炸至上色**，因為油不多，這需要一點時間慢慢翻面，確定每一面都要上色，讓芋頭表面有一層保護後再與豬梅花肉一起蒸煮，這樣料理入味方式更快，還能讓芋頭比較保有完整性。

想讓料理更上層樓，祕密在肉的醃料中加入紹興酒，這動作能讓香氣更加分，如果沒有紹興酒，可使用米酒也合味。

材料

豬梅花肉 350 公克

芋頭 250 公克

蒜頭 2 瓣

辣椒 1/3 根

薑 1 小段

調味料

紹興酒 1 大匙

蒸肉粉 200 公克

鹽巴少許

白胡椒少許

五香粉 1 小匙

香油 1 小匙

醬油少許

作法

1 將豬梅花肉洗淨，切成小塊狀，備用。

2 芋頭洗淨去皮，切成滾刀塊，放入鍋中煎至上色，備用。
  TIPS：快速簡單版是，芋頭切塊後直接和醃好的豬肉一起蒸，口感偏軟易糊化，適合喜歡芋泥口感的人。

3 蒜頭和薑去皮，與辣椒均洗淨、切碎，備用。

4 取一個容器，加入作法 1 豬梅花肉，再加入所有調味料拌勻醃漬約 15 分鐘。

5 待作法 4 充分入味，加入作法 2 和 3 所有材料再次攪拌均勻。

6 將作法 5 放入電鍋，外鍋加入適量水，蒸約 30-40 分鐘即可。

挑好**芋頭**、懂保存很重要！

芋頭要選擇外表沒有坑洞，體型圓潤飽滿，手拿起來有沉甸甸感，蒂頭新鮮水分充足的。

芋頭要保存得好，帶皮帶土買回來就先不要洗，放在通風陰涼處即可，如果要長時間保存，可以去皮切塊，以密封塑膠袋裝好放入冰箱冷凍保存。如果是買處理好的芋頭角，則必須盡快放入冰箱保存，近期會食用冷藏保存，如果沒有要馬上食用，則冷凍保存。

3 步驟入味還不會柴喔

很多人怕胖都選瘦肉，想讓豬肉片快速入味，煮出滑嫩飽滿好口感，當然有重點。

1 醃漬：醃料一定要含有澱粉材料，例如太白粉或玉米澱粉，能幫助鎖住肉片的水分。

2 抓拌：醃漬過程中要不斷抓拌使肉質 Q 嫩。

3 打水：抓拌的同時會喪失水分，適當添加冷水慢慢讓肉吸收水分這個動作很重要，能讓肉質飽含水分，大廚專用術語叫打水，學起來新手也能很厲害。

🍴 洋蔥炒肉條

洋蔥怎麼切好吃又不傷心

白洋蔥容易軟化、甜度高，適合燉，煮，炒的烹調方式。紫洋蔥味道較辣，但是口味較脆，所以最適合做沙拉與前菜等冷盤料理。順紋切的洋蔥，容易入味，也可以較快速的軟化，適合中式料理的快炒、滷煮等料理。逆紋切的洋蔥可以保持較好的完整性，適合照燒、壽喜燒等日式料理。

切洋蔥最怕刺激眼睛，好多人邊切邊流淚，如果**在切之前先將洋蔥泡過冰水，可以降低洋蔥的辛辣度**。選擇鋒利度高的刀子，可以減少洋蔥汁液的噴散。最後，切的時候可以打開抽油煙機，並開啟電風扇，避免噴出的汁液飄散到眼睛。

材料	醃料	調味料
豬五花肉條 400 公克	醬油 1 大匙	黑胡椒粗粒 1 大匙
洋蔥 1 顆	香油 1 小匙	鹽巴少許
蒜頭 3 瓣	鹽巴少許	香油 1 小匙
辣椒 1 根	白胡椒少許	紹興酒 1 大匙
青蔥 2 根	砂糖 1 小匙	
太白粉水適量	米酒 1 大匙	

作法

1. 將豬五花肉條放入容器中，加入所有醃料抓醃約 5 分鐘，備用。

2. 將洋蔥去皮切絲，蒜頭去皮切片，辣椒切片，青蔥切小段，備用。

3. 取一支炒鍋加入 1 大匙沙拉油燒熱，先加入作法 1 以中火煎炒至完全變色，盛出，備用。

   TIPS：豬肉片在表面炒熟之前不要加入蔬菜類材料，可以避免蔬菜出水稀釋豬肉的香氣。先盛出則能避免豬肉片加熱過久，流失水分口感變差。

4. 將作法 3 鍋中餘油繼續燒熱，加入作法 2 所有材料以中火爆香，再加入作法 3 再次翻炒均勻。

5. 最後將所有調味料加入作法 4 鍋中，續炒至有香味，最後淋上太白粉水略勾薄芡即可。

甜椒炒蝦球

延伸料理

材料

紅甜椒 1/2 顆
黃甜椒 1/2 顆
青椒 1 顆
大白蝦仁 15 隻
蒜頭 2 瓣
辣椒 1 根

調味料

鹽巴少許　　　　香油 1 小匙
黑胡椒粉少許　　水適量
番茄醬 1 大匙

醃料

米酒 1 小匙
鹽巴少許
白胡椒少許
香油 1 小匙
太白粉 1 大匙

作法

❶ 首先將白蝦仁去除腸泥,再放入醃料中醃漬約 10 分鐘,備用。

❷ 再將醃漬好的蝦仁放入滾水,再快速汆燙,取出備用。

❸ 將紅甜椒,黃甜椒都切小塊狀,蒜頭與辣椒切碎,備用。

❹ 取炒鍋,加入沙拉油,再加入蒜頭與辣椒先爆香,再加入紅,黃椒爆香。

❺ 最後再加入青椒,所有調味料,與蝦仁一起加入,翻炒均勻即可。

🍴 彩椒炒雞肉

加粉保護
雞胸肉超滑嫩

雞胸肉所含的脂肪量和其他肉類比起來低很多，是想瘦身者補充蛋白質的首選，健康卻有口感偏乾、偏柴的缺點。怎麼辦呢？

邱主廚說，想要炒出滑嫩順口雞胸肉，只要**在醃漬材料裡加一些「澱粉」**就能辦到，如玉米粉，因為**澱粉薄薄的一層均勻沾在雞肉表面，就能形成一道保護膜**，下鍋遇熱除了能鎖住肉汁，還能讓雞胸肉吃起來柔軟滑嫩。

「澱粉」的選擇，除了玉米粉，還有太白粉、蓮藕粉也有相同效果，都具有黏稠性，可以依喜好選用。但地瓜粉和麵粉屬性不同，不建議使用。

材料

雞胸肉 250 公克
紅甜椒 1/2 顆
黃甜椒 1/2 顆
青蔥 1 根
蒜頭 2 瓣

調味料

醬油 1 小匙
砂糖 1 小匙
玉米粉 1 大匙
米酒 1 大匙
水適量

調味料

鹽巴少許
白胡椒少許
醬油少許
香油 1 小匙

作法

1 將雞胸肉切塊狀放入容器中，加入所有醃料拌勻醃漬約 15 分鐘，備用。

2 紅甜椒、黃甜椒洗淨去籽，均切小塊；青蔥洗淨切片；蒜頭去皮切片；備用。

3 取炒鍋倒入適量油燒熱，加入作法 1 的雞胸肉將雞皮朝下方式下鍋，以中火略將油脂逼出（雞肉呈金黃色），再加入作法 2 所有材料續炒至有香氣。

　TIPS：傳統方式相反，不先下爆香材料，而是雞肉先炒至表面略呈金黃再下其他料，此時雞肉己約 6~7 分熟，不怕其他食材因等雞肉熟成時間而燒焦了。

4 最後將所有調味料加入作法 3 鍋中翻炒均勻即可。

作法

1 茄子洗淨去蒂，斜刀一刀切斷一刀不切斷，切成蝴蝶片，泡入冷水中，備用。
  TIPS：茄子切片後泡水，可以防止變色，也可讓茄子肉變柔軟，方便之後包肉餡。

2 豬絞肉取出以刀再次剁細，備用。

3 將材料 A 中的蒜頭和薑去皮，和辣椒一起切碎，備用。

4 將豬絞肉放入容器中，加入作法 3 所有材料與所有調味料 A，一起攪拌均勻，再將肉拌勻
  摔打至有彈性，備用。

5 取出作法 1 處理好的茄子夾瀝乾水分，打開表面輕拍上玉米粉，再夾入適量作法 4 絞肉夾好。
  TIPS：泡水的茄子須瀝乾水分，以免鍋鍋時油爆。

6 將作法 5 放入已預熱好的淺油鍋中，以中火油半煎炸至表面金黃色即撈起瀝乾油分，備用。
  TIPS：茄子夾還會再次烹調加熱，所以油炸時間以色澤與形狀為主要考量。

7 將材料 B 的蒜頭去皮和辣椒都切片，備用。

8 取一支炒鍋燒熱倒入適量油燒熱，先放入作法 7 材料以中火爆香，再加入作法 6 和所有調
  味料，繼續翻炒均勻即可。

🍴 茄子夾肉

斜刀切，好夾外型更漂亮

看起來像工夫菜的料理，其實一點也不難，只要掌握二點就容易成功，學起來當成請客菜超有面子。

第 1 步：茄子以斜刀不切斷成蝴蝶片的段狀，這樣比較好夾肉。

第 2 步：茄子要沾上適量麵粉或玉米粉，能讓茄子與肉餡均勻沾附不易脫落，還能且幫助上色均勻，入鍋不油爆。

材料

A 茄子 2 條
豬絞肉 250 公克
蒜頭 2 瓣
辣椒 1 根
薑 15 公克

B 蒜頭 2 瓣
辣椒 1 根

調味料

A 砂糖 1 小匙
鹽巴少許
白胡椒少許
香油 1 大匙
蛋白 1 粒
玉米粉 1 大匙

B 蠔油 1 小匙
水 500 cc
玉米粉水少許

茄子的挑選與保存

挑選茄子要注意：

1 形狀：茄身應該粗細一致，如果頭細尾粗，則茄肉粗老且多子，口感不佳。

2 蒂頭：蒂頭應緊密包覆，如果脫落，則新鮮度低。

3 外觀：茄子表面深紫顏色均勻，也不可以有蛀蟲的傷口。

保存茄子方法：

1 直接以白報紙包起來，可冷藏約 3 至 5 天。

2 洗淨切塊，浸泡檸檬汁或白醋水、鹽水約 30 分鐘，撈起來瀝乾水分後冷藏 1 至 2 天內使用。

3 洗淨後完整入鍋汆燙至熟，取出瀝乾水分放涼至完全冷卻，冷藏可保存約 2 天，料理時取出直接使用。

延伸料理　醬燒茄子

材料

茄子 2 條
青蔥 2 根
蒜頭 2 瓣
辣椒 1 根

調味料

醬油膏 2 大匙
醬油少許
水適量
砂糖 1 大匙
太白粉水適量
香油 1 小匙

作法

❶ 首先將茄子切段狀，放入 180℃油溫中以淺油半煎炸，撈起備用。

❷ 將蒜頭與辣椒切碎，青蔥切小段，備用。

❸ 取炒鍋，再加入一小匙沙拉油，再加入蒜頭與辣椒爆香，再加入青蔥，茄子翻炒均勻。

❹ 最後再加入所有調味料，燴煮一下勾薄欠即可。

🍴九層塔炒茄子

3 重點讓炒茄子軟嫩入味

茄子看來柔軟，但其實並不容易炒軟和入味，最怕是為了熟透煮太久，整個色澤變黑，一上桌就醜醜的啦！

邱主廚說不怕，**重點 1**：只要茄子先稍微用刀背壓軟，稍微破壞組織後再切，有助於軟化茄子。

重點 2：使用醬油膏讓湯汁略帶甜味，稠稠特性更容易吸附在茄子上好入味。

重點 3：起鍋前再放九層塔，略拌二下就起鍋，香氣十足又能保翠綠，好看好香好味道。

材料

茄子 3 根
豬絞肉 150 公克
蒜頭 3 瓣
辣椒 1 根
九層塔葉 1 把
青蔥 2 根

調味料

醬油膏 1 大匙
醬油 1 小匙
砂糖 1 小匙
香油 1 小匙
米酒 1 大匙
太白粉 適量
水 適量

作法

1. 首先將茄子用刀背壓一下，再去蒂洗淨切小段，放入 180℃油溫中以淺油半煎炸滾過一圈即撈起備用。

   TIPS：茄子先過油，除能軟化好入味，也能保持顏色。

2. 蒜頭去皮與辣椒均切碎，青蔥切斜片，分開蔥綠與蔥白，備用。

3. 取炒鍋倒入 1 大匙油燒熱，放入豬絞肉以中大火爆香，再加入作法 2 蒜頭、辣椒和蔥白續炒至有香氣。

   TIPS：以絞肉爆香，需翻炒至略呈乾酥，香氣才能濃郁且不帶腥味。

4. 將作法 1 茄子放入作法 3 鍋中炒勻，再將所有調味料調勻，一起倒入拌勻，放入九層塔葉和作法 2 剩餘的蔥綠略煮一下。

延伸料理 **金沙杏鮑菇**

材料

杏鮑菇 3 根
鹹蛋黃 3 顆
蒜頭 5 瓣
薑 30 公克
辣椒 1 條
青蔥 3 根

炸粉

麵粉 50 公克
鹽巴少許
白胡椒少許

調味料

醬油膏 1 大匙
香油 1 大匙
砂糖 1 大匙
米酒 1 大匙
白胡椒 1 小匙

作法

❶ 杏鮑菇洗淨瀝乾水分後切塊,放入容器中加入炸粉材料拌勻並稍靜置,接著放入約 170℃的熱油中,以大火油炸至呈金黃色,撈出瀝乾油分,備用。

TIPS:炸粉拌勻後放置一段時間,可讓粉均勻吸附在杏鮑菇上。

❷ 將蒜頭和薑去皮,與辣椒、青蔥均切碎,鹹蛋黃也切碎,備用。

❸ 取平底鍋加入 1 大匙香油燒熱,放入鹹蛋黃以中小火翻炒至鬆散均勻呈沙泥狀,盛出,備用。

❹ 將作法❸鍋繼續燒熱,加入作法❶和❷所有材料,以大火炒勻且散發出香氣。

❺ 最後再將作法❸炒好的鹹蛋黃和所有調味料一起加入作法❹鍋中,繼續翻炒均勻即可。

🍴 素炒干貝杏鮑菇

切法對了，
偽裝干貝好美味

（大廚
美味重點）

杏鮑菇的味道鮮美卻略清淡，就算搭配味道濃重的醬汁一起烹調，也不容易入味。要增加杏鮑菇的味道，怎麼切很重要，切 3 公分圓柱狀，外型就與鮮干貝相似，再於表面以「交叉刀法」切出花紋，可以讓杏鮑菇快速入味，加上一定要乾鍋香煎上色，讓紋路更漂亮外，還能讓菇類的香氣更濃郁提升。

材料

杏鮑菇 3 根
薑 20 公克
紅蘿蔔 50 公克
青椒 1/2 顆
九層塔 3 根

調味料

A 麻油 1 大匙
　玉米粉水適量
B 醬油膏 1 大匙
　水 1 大匙
　砂糖 1 大匙

作法

1 將杏鮑菇切成約 3 公分圓柱狀，再以刀刻劃出交叉紋路，備用。

　TIPS：切 3 公分的菇可能會因形狀大塊而不易入味，表面切出交叉花紋就能幫助熟成＋吸附醬汁。

2 薑與紅蘿蔔均去皮切片，九層塔取葉洗淨，備用。

3 取平底鍋倒入麻油燒熱，加入薑片與杏鮑菇以中火炒出香氣。

　TIPS：麻油油溫不要燒得太高，易有苦味。

4 續將紅蘿蔔片加入作法 3 鍋中翻炒至熟，再加入所有的調味料 B 炒勻，最後以太白粉水略勾薄芡即可。

延伸料理 肉末炒毛豆

材料

豬絞肉 300 公克
毛豆仁 200 公克
青蔥 2 根
蒜頭 3 瓣
辣椒 1 根

調味料

鹽巴
白胡椒少許
醬油 1 大匙
砂糖 1 大匙
水適量
香油 1 大匙

作法

❶ 首先將毛豆仁洗淨 再放入滾水中汆燙一下,再泡冷水,備用。

❷ 將青蔥切蔥花,蒜頭,辣椒都切成碎狀,備用。

❸ 取炒鍋,再加入一大匙料理油,再加入豬絞肉以大火先爆香,再加入作法 2 材料一起爆香。

❹ 承上:再加入所有調味料,與毛豆仁,再一起爆香即可。

🍴 八寶毛豆炒肉醬

八寶之味美在合

使用八種不同的材料，一起燴煮成醬，所以稱之為「八寶肉醬」。豐富的材料使口感與營養皆高，八種材料的挑選沒有限定，最好選擇各式不同口感，例如豆腐軟、荸薺脆口，相互搭配口感豐富有層次，融合不同的材料與味道，首先要將材料的香氣慢慢炒出鍋氣，尤其生豆皮一定要煎過才有香氣，待湯汁收乾美味即成。材料眾多且費工，炒好之後可以分小包冷凍保存，分次食用。如果想保存更長久的時間，只要換掉容易酸敗的豆類，改以其他根莖類蔬菜，可冷凍保存三個月。

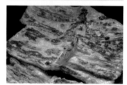

拌飯、拌麵都好吃

材料

豬絞肉 500 公克	毛豆仁 120 公克	
牛肝菇 30 公克	嫩豆腐 1 盒	
豆乾 4 片	杏鮑菇頭 150 公克	
生豆皮 2 片	薑 20 公克	
荸薺 5 粒	辣椒 1 條	
胡蘿蔔丁 60 公克	香菜梗 5 根	

調味料

素蠔油 4 大匙
五香粉 1 小匙
冰糖 1 小匙
香油 1 大匙
水 1800 cc
太白粉水適量

作法

1 首先將豆乾、嫩豆腐和杏鮑菇頭均洗淨，瀝乾水分後切小丁，生豆皮煎香切小丁備用。

2 牛肝菇泡軟，瀝乾水分後切小丁；荸薺胡蘿蔔去皮切小丁；薑去皮和辣椒、香菜梗均切碎；備用。

3 取炒鍋加入 1 大匙橄欖油燒熱，先加入豬絞肉以大火爆香，再放入作法 1 和 2 所有材料，以中火炒出香氣。

　　TIPS：材料多樣翻炒時須小心，要炒出香氣也需較長時間。

4 再將所有調味料一起加入作法 3 鍋中翻炒均勻，續煮至湯汁略收乾即可。

1 去皮芋頭切成小塊,放入蒸籠,以大火蒸約 30 分鐘,趁熱放入鋼盆中搗成泥狀,再依序一一加入所有調味料 A,慢慢揉至表面光亮。

   TIPS:芋頭趁熱搗成泥並加入其他材料,利用餘熱讓材料能充分融合。

2 將芋泥分成每個約 25 公克的小糰,分別搓成圓球再將中央壓扁,放入滾水中汆燙約 7 分鐘,撈出瀝乾即為算盤子,備用。

   TIPS:算盤子的大小可隨喜好調整,但燙煮的時間也須隨著調整,好維持口感 Q 彈。

3 將乾香菇泡軟切絲,小黃豆乾切小丁,蝦米洗淨泡軟,紅蔥頭與蒜頭去皮和辣椒均切碎,青蔥切小段,備用。

4 取炒鍋加入 1 大匙豬油燒熱,放入紅蔥頭與豬絞肉爆香,再加入青蔥之外的其餘材料 B 炒勻,再加入所有調味料 B 煮至滾開。

5 放入適量作法 3 及算盤子略煮,最後加入青蔥,淋入調味料 C 略勾薄芡即可。

   TIPS:算盤子可以多做一點,冰凍保存,想吃時就有喔。

🍴 芋頭算盤子

口味多變的古早客家特色菜

以蒸熟的芋頭製作的算盤子，因為形狀與算盤的算珠相似而得名，口感好又深具飽足感，能吃飽也吃巧，是主食也能當成農家點心。掌握重點在芋頭一定要趁熱拌入地瓜粉，快速壓成泥狀，利用還有溫度時較軟好整形（形狀看個人，不用刻意個個都一模模一樣樣，重點在好吃就好囉），燙熟後再入鍋，以紅蔥頭與豬絞肉爆香後與其他材料一起翻炒入味，是傳統客家味最常用的料理方式，鹹香滋味讚不絕口呀！

材料

A 去皮芋頭 400 公克

B 豬絞肉 150 公克
  乾香菇 5 朵
  小黃豆乾 5 片
  蝦米 1 大匙
  紅蔥頭 6 瓣
  蒜頭 3 瓣
  辣椒 1 根
  青蔥 2 根

調味料

A 太白粉 2 大匙
  糯米粉 80 公克
  地瓜粉 2 大匙
  鹽巴少許
  香油 1 小匙

B 豬油 1 大匙
  醬油膏 1 大匙
  醬油 1 小匙
  香油 1 大匙

  砂糖 1 小匙
  鹽巴少許
  白胡椒少許
  雞高湯 350 cc
  油蔥醬 2 大匙

C 玉米粉水適量

削芋頭記得戴手套

生芋頭含有草酸鈣，直接接觸皮膚容易引起過敏發紅發癢，而經過加熱的芋頭則不會產生過敏現象。所以處理生芋頭最好要戴手套隔離，盡量避免直接碰觸即可。

豆腐挑選好重要！

豆腐有許多種，板豆腐、嫩豆腐、傳統豆腐等等，煮湯建議用板豆腐，到傳統市場買豆腐建議早上就要去，而且夏天更要注意豆腐會酸敗，買的時候可以聞看看，買回來再換成自己家的冷開水，冷開水務必要高過豆腐才可以，嫩豆腐也一樣要泡水。豆腐水要每天換乾淨水，最多冰三天是最佳賞味期。

🍴 番茄豆腐蔬菜湯

3 步驟清水變雞湯

大廚
美味重點

重現小時候媽媽的味道，材料簡單又好吃，清水變雞湯的厲害就在這 3 招。

❶ 材料先炒過增加香氣
❷ 熬煮讓材料與調味料的味道充分發揮
❸ 最後加入芹菜珠，提鮮增香味道更上一個層次喔。

家常菜最香最好吃！

材料

牛番茄 2 顆
板豆腐 1 塊
紅蘿蔔 50 公克
高麗菜 200 公克
鮮香菇 3 朵

調味料

月桂葉 1 片
水 1200 cc
鹽巴少許
白胡椒少許
香油 1 小匙

裝飾物

芹菜珠 1 小匙

作法

1 大番茄切小丁狀，備用。
   TIPS：家常煮法通常不會費工將番茄去皮，但經過切小丁與炒煮之後，番茄皮多會脫落，口感不佳，如果在意也不妨先燙熱水去皮之後再切丁。

2 將紅蘿蔔去皮切小丁，高麗菜切小丁，香菇切片，備用。

3 取湯鍋加入 1 大匙橄欖油燒熱，加入作法 2 蔬菜以大火爆香，再加入番茄丁翻炒均勻。
   TIPS：油炒除了可以提升材料的香氣，也能讓湯汁略帶油分，湯汁入喉不乾澀。

4 續將所有調味料放入作法 3 鍋中，以中火煮約 20 分鐘，最後撒上芹菜珠即可。

延伸料理 芝麻牛蒡絲小菜

材料

牛蒡 1 根
蒜頭 2 瓣
熟白芝麻 2 大匙

調味料

味醂 30 cc
醬油 50 cc
砂糖 30 公克
清酒 30 cc
水 900 cc

作法

❶ 牛蒡去皮切細絲,泡冷水並稍加沖洗,下鍋前瀝乾水分,備用。

TIPS:牛蒡絲泡水沖洗,除了能預防變色,也能洗去過多的澱粉質,使口感更顯爽脆。

❷ 蒜頭去皮切碎,備用。

❸ 取炒鍋倒入少許油燒熱,加入蒜頭碎以中大火爆香,再加入牛蒡絲翻炒均勻。

❹ 續將所有調味料加入作法❸鍋中,以中火煮至湯汁收乾,起鍋前均勻撒入熟白芝麻即可。

TIPS:牛蒡絲不易煮至柔軟入味,起鍋前最好先試吃過,如果過硬可再加些水續煮一段時間。

🍴牛蒡燉雞湯

大廚
美味重點

牛蒡雖然吃起來纖維較粗，但用來燉湯卻滋味鮮美。處理牛蒡最麻煩的就是容易氧化變色，氧化變黑的牛蒡用來煮湯，湯汁也會因此變黑。預防的方法就是牛蒡處理的過程中不斷沖水或泡水，從去皮時就在水流下或水中進行，切的時候也盡快泡回水中，直到下鍋。讓水隔離空氣，就能防止氧化。

雞腿肉汆燙後再煮，湯
汁較清徹無渣。

材料

大雞腿 2 隻
牛蒡 1 根
薑 20 公克
乾香菇 3 朵
枸杞 1 小匙
紅棗 6 粒
蔥白 2 根

調味料

鹽巴少許
白胡椒少許
水 2000 cc
米酒 1 大匙
香油 1 小匙

作法

1 首先將大雞腿洗淨，切大塊，放入滾水中汆燙，撈出再次洗淨瀝乾水分，備用。

2 把牛蒡去皮切片，泡水，備用。

3 薑去皮切片，乾香菇、紅棗、枸杞都洗淨泡軟，蔥白切小段，備用。

   TIPS：香菇如果較大型，可酌量切成塊狀，以方便入口。

4 取湯鍋，依序加入作法 1、2 和 3 的所有材料，再加入所有調味料，加蓋以大火煮開。

5 作法 4 鍋滾沸後，改小火續煮約 40 分鐘，最後熄火燜 10 分鐘即可。

   TIPS：牛蒡含有鐵質，久燉之後釋放湯汁中，會讓湯汁略顯深色。

芋頭西米露

4 步驟做出超完美西米露

大廚
美味重點

西米露要煮得 Q 彈滑順才是完美，要做出這樣的口感，需要注意 4 步驟，**步驟** 1：水煮滾才可放入西谷米；**步驟** 2：下水後立刻攪拌，以免結團；**步驟** 3：煮 10 分鐘、燜 5 分鐘，煮至微滾即可熄火，過久會使西谷米喪失口感，熟透而不過軟；**步驟** 4：冷水沖洗快速降溫，維持最佳口感。

材料

西谷米 150 公克
芋頭 400 公克
水 2200 cc

調味料

砂糖 130 公克
椰漿 1 瓶
椰糖 30 公克

作法

1 芋頭洗淨去皮，切小片，備用。
TIPS：芋頭切小片，容易煮至熟軟。

2 將芋頭片與水一起放入鍋中，以中火煮約 30 分鐘至熟軟。
TIPS：中間稍加攪拌，以免黏鍋煮焦。

3 將作法 2 倒入果汁機中，攪打成均勻的芋泥湯汁，備用。
TIPS：如果遇到較硬質的芋頭，攪打之後仍有較粗的顆粒感，可以以濾網篩出較粗的顆粒，再以湯匙壓碎或濾除。

4 西谷米放入滾水中攪散，以中火煮 10 分鐘，熄火燜 5 分鐘，撈出沖洗數下並瀝乾水分，備用。

5 將作法 3 芋泥湯汁與作法 4 的西谷米一同放入鍋中，以中火煮約 5 分鐘，再加入所有調味料調味即可。

延伸料理　芋頭煎餅

材料

芋頭 500 公克
豬絞肉 200 公克
菜脯 50 公克
蒜頭 2 瓣
紅蔥頭 5 瓣

調味料

A 香油 1 大匙
　醬油 1 小匙
　砂糖 1 小匙

B 鹽巴少許
　白胡椒少許
　五香粉 1 小匙
　砂糖 1 小匙

作法

❶ 芋頭去皮刨成絲，與調味料 A 攪拌均勻，放入電鍋中蒸約 15 分鐘，備用。

　TIPS：芋頭含水量低，略加點油與糖可以防止芋頭口感過於乾澀。

❷ 將菜脯洗淨去鹹味後切碎，蒜頭與紅蔥頭都去皮切碎，備用。

❸ 取炒鍋倒入少許油燒熱，加入豬絞肉與作法❷以大火爆香，再加入調味料 B 繼續翻炒均勻，盛出加入作法❶再次攪拌均勻，備用。

　TIPS：芋頭與五香粉最對味，五香粉炒過之後再與芋頭混合，香氣更濃。

❹ 再取平底鍋倒入 1 大匙油燒熱，分次放入適量作法❸，以大湯匙抹順壓平成餅狀，以中小火煎至雙面略呈金黃色即可。

🍴 地瓜煎餅

混合雙色地瓜 美味升一級

黃肉地瓜（台農 57 號）爽口、水分高，紅肉地瓜（台農 66 號）綿密、甜度高，如果各自做成煎餅會各具特色，邱主廚教大家同時使用兩種地瓜，不只能同時兼顧質地細緻與口感綿密，甜度更鮮明溫潤，做出來的地瓜煎餅顏色更加漂亮，色香味俱全，上桌保證秒殺。

材料

台農 57 號黃地瓜 250 公克
台農 66 號紅地瓜 200 公克

調味料

地瓜粉 150 公克
玉米粉 30 公克
砂糖 50 公克

作法

1. 將二色地瓜去皮切成小片，再放入蒸籠裡面以大火蒸約 20 分鐘至軟，瀝乾水分，放入攪拌盆中壓碎成泥狀，備用。

2. 將所有調味料加入作法 1 盆中攪拌均勻成糰，分割成每個約 50 公克的小糰，搓圓後壓扁，備用。

3. 取平底鍋倒入適量油燒熱，放入作法 2 以中火煎至雙面略呈金黃色即可。

🍴 梅汁小番茄

小番茄果肉硬，不容易入味，雖營養但卻不是人人愛，但只要略燙軟化，再去掉外皮，搭配酸甜風味的浸泡汁，就能變身成為人見人愛的小吃食，大人小孩都適宜。

為了方便去皮，將小番茄表面畫出淺淺的十字刀紋，再**放入滾水中約 10-15 秒**，**皮自然捲曲**，撈起後泡一下冰水，待涼就很好剝去外皮囉！當然過一下沸水也可稍加除菌及去農藥，一舉二得。

◀ 泡冰水降溫更好去皮

材料

小番茄 600 公克

調味料

甘草 5 片

話梅 6 粒

梅粉 2 大匙

砂糖 100 公克

檸檬汁少許

冷開水 700 cc

作法

1 將小番茄表面畫出淺淺的刀紋，放入滾水中，燙煮約 10 秒鐘，撈起泡入冰水中冷卻，取出去皮，備用。

2 將所有調味料一起放入鍋中，以中火煮約 10 分鐘，待湯汁味道夠濃，熄火放涼，備用。

TIPS：煮的時候略為攪拌，味道更容易釋放出來。

3 將作法 1 去皮小番茄，放入煮好的作法 2 湯汁中，密封冷藏浸泡 1 天入味即可。

小番茄的品種

小番茄的品種越來越多樣，但最常見的有二種，一種是體型長尖的聖女小番茄，另一種體型圓胖的小金剛。聖女番茄的個頭較小，甜度高，適合直接食用。小金剛的體型圓潤，容易去皮、好入味，剛好適合選來製作料理。

Chapter

2

夏季料理

夏天是豔陽高照的溽暑，

蔬菜瓜果因著好天而大出，

市場裡個個肉質鮮嫩多汁又甘甜，

光是看著標亮外表都該讓人食指大動，

無奈

人們的食慾被高溫炎熱打敗，

於是

料理以清爽開胃為第一要務，

天然好食材簡單調味即可上桌，

入廚房不流汗的簡單涼菜更是推薦。

大地的美味

苦瓜

絲瓜

冬瓜

小黃瓜

大頭菜

綠竹筍

莧菜

茭白筍

鳳梨

廚房裡的油品和粉類

Q1 為什麼家裡不能只有一瓶油？

家裡常見有沙拉油（或玉米油）、香油、麻油、橄欖油、苦茶油、豬油等，為什麼要有這麼多油呢？每一種油的使用方式與適合菜色都不一樣，因著燃點不同，家中的料理也要因為煎煮炒炸涼拌而有不同，例如苦茶油，就適合拌菜拌麵，而豬油或沙拉油就可以拿來做炸物，所以，只有一瓶油用到底是行不通的喔！

Q2 廚房必備那些好用粉，怎麼用？

一般家庭都會買中筋麵粉、麵包粉、木薯粉、地瓜粉、太白粉、玉米粉、蓮藕粉、糯米粉等等，使用方式如下。

中筋麵粉：多數會做酥炸、煎餅、煎炸魚時，還有許多中菜裡說的拍乾粉，就是指中筋麵粉，在西餐裡會拿來做為勾芡使用，例如奶油白醬。

木薯粉／地瓜粉：多數做地瓜球、炸雞排、炸魚條、做肉丸、炸物與甜點使用。

太白粉、玉米粉、蓮藕粉：多數是台灣料理勾芡與醃肉使用。

糯米粉：多數是做客家粿類使用，發糕、麻糬、九層糕等等。

麵包粉：使用在炸豬排、可樂餅、炸蝦或是日式漢堡肉排等，用在異國料理居多。

Q3 台灣常見的油品，怎麼用最好？

大豆沙拉油、葵花籽油：這二種油較耐高溫，適合炒菜及油炸。

豬油：豬油為動物性脂肪的再製提煉油，較不耐高溫，和豬油渣一起簡單水炒蔬菜沒問題，多拿來做成油蔥醬，拌麵拌青菜好香好好吃，也會運用在糕餅餡料、酥皮等。

葵花籽油：通常會做甜點，減肥使用，通常不加熱使用。

香油：料理或湯品起鍋前滴上少許，增香作用，或是肉類醃漬時加上少許提香增加少許油脂作用。

麻油：由芝麻提煉而成，通常拿來做麻油雞等各式麻油料理或三杯雞等。

Q4 橄欖油用錯也不一定健康，真的嗎？

在台灣劣質與好的橄欖油都有，用錯了，當然就不是那麼恰當！尤其像初榨橄欖油價格高又較不耐高溫，拿來涼拌很好，若拿來炸就不適合，也浪費了呀！

橄欖油：因為都是低溫冷壓方式提煉又分，特級初炸橄欖油／Extra Virgin，第二道橄欖油／Virgin Olive Oil，特級初炸橄欖油不耐高溫最適合做沙拉醬，直接料理食用。第二道橄欖油可以加熱快炒，但不適合高溫油炸。

夏季料理。吃好　50 | 51

🍴百香果拌苦瓜

苦味大多來自瓜肉內部的白膜，只要刮除乾淨可大大降低苦味，才入滾水汆燙一下去除苦澀，泡冰水口感清脆，最後再搭配香甜的百香果與芒果，利用水果的酸味甜中合剩下的苦味，那酸甘化後更有滋味。

材料
白玉苦瓜 1/3 條
新鮮百香果 3 顆
芒果青 50 公克

調味料
水果醋 100cc
砂糖 80 公克
蜂蜜 1 小匙

作法

1 白玉苦瓜洗淨，對半切開，刮除籽和白膜，切小片，放入滾水中汆燙約 2 分鐘，撈出瀝乾水分，快速放入冰水中冰鎮，備用。

2 新鮮百香果切開取肉與汁；切小菱形片；芒果青切小段；備用。

3 將所有調味料放入容器中攪拌均勻，再加入作法 1、2 所有材料再次攪拌均勻，密封冷藏一晚至入味即可。

🍴涼拌梅汁苦瓜

最關鍵的技巧，在於如何讓話梅的味道盡可能的釋放出來，不論選擇延長浸泡的時間、梅汁先煮過，或是冰鎮，都要先將話梅搓揉到柔軟再製作，才能做出最濃郁的梅汁料理。

作法

1 白玉苦瓜洗淨，對半切開，刮除籽和白膜，切小片，放入滾水中汆燙 5 分鐘，撈出瀝乾水分，快速放入冰水中冰鎮，備用。

2 話梅與所有調味料拌勻，並稍微揉搓話梅至柔軟，再將作法 1 放入一起攪拌均勻，密封冷藏一晚至入味即可。

材料
白玉苦瓜 1/3 條
話梅 5 粒

調味料
水果醋 100cc
甘草 3 片
砂糖 60cc
蜂蜜 1 小匙
梅粉 1 大匙

🍴薑汁番茄

薑汁醬濃稠夠味，即使只做為沾醬，不事先拌勻醃漬入味，也能
充分包覆番茄，還可以同時吃到番茄的原味，使味道在入口之後
更有變化。

作法

1 黑柿番茄洗淨後去蒂，切小塊，備用。

2 老薑去皮，洗淨後磨成泥，取 1 大匙，備用。

3 將作法2與所有調味料一起放入容器中，攪拌均勻成醬汁，
備用。

4 食用時以作法 1 搭配作法 3 醬汁一起食用即可。

材料

黑柿番茄或
牛番茄 3 粒

調味料

醬油膏 2 大匙
甘草梅粉 1 大匙
砂糖 1 大匙
老薑適量
冷開水 1 大匙

挑選番茄首先要看蒂頭，蒂頭應該保有鮮綠色，沒有枯萎，番茄表面要有彈性的紮實感，
品質新鮮飽滿才會好吃。黑柿番茄的顏色紅中帶綠，味道濃郁且較具酸味，肉質較硬實。
牛番茄顏色豔紅、酸味低、口感較軟。兩種番茄各具特色，可依喜好挑選搭配。

🍴化應子番茄夾

化應子又稱作李鹹，是取李子經過日曬、去核、醃漬軟化、壓輾
等許多複雜工序，再搭配各家特有的醃汁製作而成。滋味酸甜甘
美的化應子，有了它能化解番茄的酸澀，入口甘甜、回味無窮，
是番茄的搭配良伴，

作法

1 聖女小番茄洗淨去蒂，以小刀切開但不切斷，備用。

2 化應子以冷開水洗淨，瀝乾水分，切小條，備用。
　　TIPS：化應子條的粗細，只要方便包夾即可，不需太細。

3 取作法 1 小番茄，每個夾入 1 條作法 2，放入容器中密封
冷藏即可隨時取用。
　　TIPS：冬日食用時可加蓋置於室溫中，不須冷藏也可隨時取用。

材料

聖女小番茄 250 公克
化應子 150 公克

🍴 涼拌大頭菜

加鹽用力搓揉去生味

大頭菜吃起來鮮脆,但具有一股天然的生青味,也因此不容易入味。想將大頭菜料理好,首先就要去掉生青味。

將大頭菜切薄片,再與 1 大匙鹽巴拌勻,靜置一下,鹽分會逼出大頭菜裡的生青味和些微水分,最後再清洗掉這些帶有生青味的鹽水,這個去青的過程,就能讓大頭菜更美味。

材料

大頭菜 1 棵(約 600 公克)
蒜頭 2 瓣
辣椒 1 根
香菜 2 根

調味料

豆腐乳 3 塊
砂糖 1 大匙
麻油 2 大匙
鹽巴少許
白胡椒少許

作法

1 大頭菜洗淨去皮,切小片,放入容器中,加入 1 大匙分量外的鹽巴,拌勻靜置至出水,洗淨鹽水後擰乾,備用。

   TIPS:如果要加快去青的速度,也可將大頭菜片放入塑膠袋,加入鹽巴用力搖晃約 5 分鐘至出水。

2 將蒜頭去皮,和辣椒、香菜都切碎,備用。

3 取一個容器,加入所有調味料攪拌至均勻,再加入作法 1 和 2 所有材料,再次拌勻後冷藏醃漬 3 小時以上即可。

🍴醋味涼拌拍黃瓜

用力拍爆最快入味

小黃瓜用菜刀大力的拍能幫助入味，當然，這個動作可能會弄髒廚房，所以邱主廚教你小撇步，只要將小黃瓜放在塑膠袋裡用力拍打，最好把果肉和籽都拍爆開，才能增加吸收調味的面積，再使用鹽巴醃漬，醃漬過程需要使用手不斷捏，約五分鐘內就會讓小黃瓜出水與軟化，洗除鹽味瀝乾水分，最後還是推薦米醋醃最對味啦！

材料

小黃瓜 3 條
蒜頭 3 瓣
辣椒 1 根

醃料

鹽巴 1 大匙

調味料

糯米醋 110cc
砂糖 3 大匙
香油 2 大匙
辣油少許
鹽巴白胡椒少許

作法

1 將小黃瓜洗淨，對切再切成 1/2 的 5 公分長度段狀，再使用菜刀略拍至龜裂備用。

2 再將拍扁的小黃瓜放入醃料中，輕輕抓醃約 10 分鐘至出水，再使用礦泉水洗滌去鹹味。

3 小黃瓜加入所有調味料使用湯匙攪拌均勻，再加入切成碎狀的蒜頭辣椒一起攪拌均勻後，放入冰箱冷藏入味即可。

TIPS：讓小黃瓜浸置約 2 小時左右風味最佳。

延伸料理　絲瓜炒蛋

材料

絲瓜 1 條
雞蛋 2 顆
薑 15 公克
青蔥 1 根
蒜頭 2 瓣

調味料

鹽巴少許
白胡椒少許
香油 1 小匙
米酒 1 大匙
水適量

作法

❶ 絲瓜洗淨去皮，切小片，備用。

❷ 薑去皮切片，蒜頭去皮切碎，青蔥切小段，備用。

❸ 熱鍋，加入適量油燒熱，打入雞蛋以大火炒香成散蛋，盛出，備用。
　　TIPS：雞蛋可直接打入，也可先攪散再入鍋，兩種作法香氣和口感各有
　　特色。

❹ 同上鍋，加少許油繼續燒熱，以中火爆香薑片和蒜頭碎，再加入作
　　法❶絲瓜片炒至變軟且出水，再加入青蔥段和所有調味料煮勻，最
　　後加入炒好的蛋翻炒均勻至有蛋香氣即可。

🍴 蛤蜊絲瓜麵線

海水比例鹽水泡，
吐沙更乾淨

大廚
美味重點

蛤蜊特殊的進食方式，使體內自然存有少量沙，**「吐沙」就是處理蛤蜊的首要步驟。**

挑新鮮蛤蜊要挑活的，這樣回到家泡水才能把沙吐乾淨，泡的水比照海水的鹹度，比例約為「15 公克鹽巴搭配 450 cc 水，浸泡約 1~2 小時」，中間若覺得沙很多或水質混濁，可更換一次鹽水浸泡，下鍋前再仔細清洗掉沾附在外殼的髒汙，下鍋後才不會有異味。

材料

蛤蜊 300 公克
絲瓜 1 條
麵線 1 把
蒜頭 2 瓣
薑 20 公克
枸杞 1 小匙

調味料

鹽巴少許
白胡椒少許
香油 1 小匙
米酒 1 小匙
雞湯 250cc
醬油少許

作法

1　蛤蜊泡入鹽巴水中，靜置吐沙後洗淨，備用。

2　絲瓜洗淨去皮，切小塊，備用。
　　TIPS：絲瓜切小塊，較容易熟透入味。

3　麵線放入滾水中汆燙過水，撈起瀝乾水分，備用。
　　TIPS：麵線最後要下鍋同煮，此時汆燙只去掉表面澱粉，讓湯汁較清爽，不需過熟。

4　薑去皮切絲，蒜頭去皮切片，備用。

5　取炒鍋加入少許沙拉油燒熱，加入絲瓜片和 4 的材料以中火爆香，再加入所有調味料以中火煮開。
　　TIPS：爆香至絲瓜柔軟，再加湯汁同煮，絲瓜的香甜才容易進入湯汁中。

6　最後將蛤蜊和麵線放入鍋中，拌勻略煮至蛤蜊打開，最後再加入枸杞。即可。

🍴鳳梨炒飯

拌蛋黃的炒飯味香粒粒分明

大人小孩都愛吃炒飯，炒飯看著簡單，但要炒得好卻不是人人都能上手。首先要挑選隔夜的冷飯或是冷凍過的白飯，炒出來的飯粒才爽口分明。

冷飯下鍋前先拌上蛋黃，輕拌不要結塊成團就好，沒錯，因為蛋黃比較好附著，飯粒被蛋包著上色漂亮，下鍋大火炒時遇熱容易散開，味道更香，有金包銀的美稱，若拌全蛋太濕了，沒一點大火快炒功力不好炒開呢！。最後，搭配的材料先下鍋炒，等香氣炒出來了，飯再下鍋，飯粒就能充分吸收這些香氣，讓炒飯的味道更上一層。

材料

新鮮鳳梨 1/2 顆	蝦仁 120 公克
雞蛋 3 顆	冷凍三色豆 150 公克
隔夜長米飯 2 大碗	肉鬆 1 大匙
蒜頭 2 瓣	葡萄乾 1 大匙

調味料

醬油 1 小匙
魚露少許
砂糖 1 小匙
香油少許

作法

1　將隔夜飯放入大碗公中略攪散，再打入蛋黃攪拌均勻（蛋白留著），備用。

2　新鮮鳳梨整顆沖洗，瀝乾水分後對切，挖出果肉（鳳梨殼留下當作容器），鳳梨丁放入平底鍋以小火乾煎一下，盛出，備用。

　　TIPS：鳳梨先乾炒香和甜味才能完全釋放，加上濃縮水分不讓炒飯變濕，風味更顯清爽香甜。

3　蛋白下鍋炒熟炒散，盛出；肉鬆也放入以小火炒鬆至香氣出來，盛出，備用。

　　TIPS：肉鬆炒過能提升香氣，口感也更爽口。炒時要注意火必須小，翻炒也要均勻。

4　蒜頭去皮切片，蝦仁洗淨吸乾水分，備用。

5　熱鍋，倒入少許油燒熱，蒜頭、蝦仁與冷凍三色豆以中大火炒香，再加入拌好的白飯慢慢炒散。

　　TIPS：此時火不能太小，火太小容易出水，飯容易結塊，怕燒焦就要速度快，建議可以用二支鍋鏟雙手炒。

6　加入作法 2 的鳳梨及熟蛋白與所有調味料翻炒均勻，盛入作法 2 留下的鳳梨殼中，上面再加入作法 3 肉鬆和葡萄乾裝飾即可。

若將清酒、蔥花省略，再以清水或香菇水取代雞湯，
就是一鍋美味的素食炊飯。

🍴 竹筍斧飯

當季鮮筍切絲煮飯最甜

大廚美味重點

直接選用生竹筍煮飯，滋味最為鮮美，白米能吸收十足的竹筍鮮甜，這是熟筍做不出的好味道，但生竹筍放著易老，必須當日現買現做才行。

高纖維的竹筍較難熟，所以一定要盡量切細絲，才能與米飯的熟度相宜，全部材料以油略炒香再入電鍋煮，鍋氣與筍甜同在，好吃的不得了。

材料

熟筍絲 200 公克
薑絲 20 公克
鮮香菇 5 朵
白米 2 杯
白芝麻少許
蔥花適量
辣椒切小片 1 小匙

調味料

味醂 2 大匙
醬油 1.5 大匙
清酒 1 大匙
水或雞湯 600 CC

作法

1　竹筍去殼、薑去皮，都切絲；鮮香菇刻花；備用。

2　將所有調味料放入大碗中一起攪拌均勻，作為煮飯的湯汁，備用。

3　白米洗淨，瀝乾水分，放入電鍋內鍋，再倒入 2 杯作法 2 醬汁，最後加入作法 1 所有材料拌勻。

4　將作法 3 放入電鍋，外鍋倒入約 1 杯水，按下開關蒸煮約 25 分鐘至開關跳起，續燜約 5 分鐘，以飯匙撥鬆，食用時盛取適量至碗中，撒上白芝麻與蔥花即可。

TIPS：不同廠牌的電鍋，外鍋需要的水量可能有所不同，2 杯米的分量外鍋搭配 1 杯水是大約的份量，最好能參照說明書，用量更為精準。如果使用電子鍋直接選用煮飯鍵即可。

挑小支頭彎彎的，筍殼以蛋黃色澤為主的綠竹筍，又以筍屁股白白的最嫩。

以刀入戳入筍中，用力劃開到底，再用手把外層剝掉。

將底色周邊的粗纖維削掉，不要心疼，因為過粗的纖維入口不好熟也不好咀嚼喔！

竹筍鹹稀飯

材料

白米 1 杯
高麗菜 1/6 粒
豬梅花肉 200 公克
紅蘿蔔 1/4 條
綠竹筍 2 條（小）
乾香菇 3 朵
蝦米 2 大匙

調味料

雞高湯 2000 cc
鹽巴少許
白胡椒少許
醬油 1 小匙
香油 1 小匙
雞粉 1 小匙

醃料

太白粉 1 大匙
香油 1 小匙
鹽巴少許
白胡椒少許
水少許

裝飾物

芹菜碎 2 根
香菜碎 2 根
紅蔥酥 1 大匙

作法

❶ 白米洗淨，泡水約 1 小時，備用。

   TIPS：白米先吸飽水分再煮，才能飽滿熟透。

❷ 梅花肉洗淨切小片，放入碗中加入所有醃料拌勻醃漬，備用。

❸ 高麗菜洗淨、紅蘿蔔去皮、竹筍去殼，均切成小丁；乾香菇、蝦米均洗淨、泡軟，切小丁；備用。

❹ 取湯鍋倒入少許油燒熱，加入梅花肉片以中火爆香，再加入作法❸所有材料一起翻炒均勻，接者倒入雞高湯並加入泡好的白米，以中火煮約 30 分鐘，熄火加蓋燜至熟。

   TIPS：煮時需不時加以攪拌與適量添加高湯以免黏鍋。加蓋燜熟口感較為清爽，稀飯的顆粒也不會碎爛。

❺ 將所有剩餘的調味料加入作法❹鍋中拌勻，小火續煮約 5 分鐘，最後加入所有裝飾物拌勻即可。

台灣鮮筍最適合的料理

名稱	盛產季節	料理方式
綠竹筍	5-10 月	涼筍、煮湯
麻竹筍	4-11 月	煮排骨湯、滷肉
桂竹筍	3-5 月	竹筍炒肉絲、滷爛肉
冬筍	11-1 月	煲湯、燒肉

⫼ 芒果炒牛柳

芒果入菜好多元

 芒果是夏季專屬的美味,季節短、產量多,自然吃法也就多了。製作甜品要挑夠熟、夠香甜的芒果,而要入菜,反而帶點酸味、果肉硬些才好,不怕炒碎有口感,酸味還可增加肉的嫩度,開胃增進食欲,果肉較硬則比較耐得住加熱翻炒,不會軟糊。

總結來看,肉質較硬愛文芒果適合炒,烏香芒果軟 Q 做涼拌最清香,金煌體型最大做冰沙最有味,芒果青則適合醃來做情人果或甜點。

🍴 芒果炒牛柳

抓粉、打水牛肉好好吃

炒牛肉最怕炒後肉質乾硬難咀嚼，要牛肉柔嫩好吃，首先要挑選含油花多的部位，像是沙朗、肋眼，若是像梅花的油脂少，就要加上**用肉重量的 1/10 的水混合醃料抓醃進入牛肉裡**，牛肉的吸水力，搭配玉米粉在外層的保護，讓肉的水分多些，也減少肉汁流失的機會，保證鮮嫩滑口。

材料

牛肉 300 公克
洋蔥 1/2 顆
愛文芒果 1 顆
香菜 2 根
甜椒 1/4 顆
辣椒 1 根

醃料

香油 1 大匙
鹽巴少許
白胡椒少許
玉米粉 1 大匙
冷水適量

調味料

孜然粉 1 小匙
鹽巴少許
黑胡椒少許
橄欖油 1 大匙
香油 1 小匙
七味辣椒粉少許

作法

1 牛肉以逆紋切方式切成小長條，放入大碗中，加入醃料抓醃入味，醃漬約 10 分鐘，備用。
　TIPS：牛肉的油脂少，抓醃打水時間要依牛肉吸水力而定，要有耐心慢慢抓入，醃料中亦搭配一點香油，除增加香氣，也能讓口感柔嫩。

2 芒果洗淨去皮，切成與牛肉一樣的小長條，備用。

3 洋蔥去皮切絲，香菜洗淨切碎，辣椒去籽切絲，備用。

4 取炒鍋倒入 1 大匙沙拉油燒熱，放入作法 1 牛肉條以大火爆香，再加入作法 3 的蔬菜與所有調味料繼續炒出香氣，最後加入芒果條快速翻炒均勻即可。
　TIPS：大火快炒才能維持牛肉的嫩度，過久口感會老。

延伸料理 **芒果莎莎醬雞柳**

材料
雞柳 12 條

醃料
米酒 1 小匙
玉米粉 1 大匙
香油 1 小匙
鹽巴少許

莎莎醬
愛文芒果 1 顆
小番茄 5 粒
洋蔥 1/3 顆
蒜頭末 2 瓣
香菜碎 2 根
辣椒碎 1 根
番茄醬 1 大匙
初榨橄欖油 3 大匙
鹽巴少許
黑胡椒少許
Tabasco 1 小匙

作法

❶ 雞柳洗淨,瀝乾水分,與所有醃料拌勻醃漬約 10 分鐘,備用。

❷ 愛文芒果去皮切小丁,小番茄切小丁,洋蔥去皮切碎,蒜頭去皮切碎,香菜洗淨切碎,辣椒去籽切碎,備用。

TIPS:以芒果製作莎莎醬味道極好,若是沒有芒果的季節,木瓜、梨子都是適合的替代品。

❸ 將所有莎莎醬材料放入容器中,攪拌均勻,備用。

❹ 熱鍋,倒入適量油燒熱,放入作法❶雞柳以中火煎至雙面上色且熟透,盛入盤中,食用時搭配芒果莎莎醬即可。

延伸料理 **洋蔥炒牛柳**

材料
牛柳 450 公克
洋蔥 1 顆
蒜頭 3 瓣
辣椒 1 根
青蔥 2 根
太白粉水適量

醃料
醬油 1 大匙
香油 1 小匙
鹽巴少許
白胡椒少許
砂糖 1 小匙
米酒 1 大匙

莎莎醬
黑胡椒粗粒 1 大匙
鹽巴少許
香油 1 小匙
紹興酒 1 大匙

作法

❶ 將牛肉絲放入容器中,加入所有醃料抓醃約 5 分鐘,備用。

❷ 將洋蔥去皮切絲,蒜頭去皮切片,辣椒切片,青蔥切小段,備用。

❸ 取炒鍋加入 1 大匙沙拉油燒熱,先加入作法❶以中火煎炒至完全變色,盛出,備用。

❹ 將作法❸鍋中餘油繼續燒熱,加入作法❷所有材料以中火爆香,再加入作法❸再次翻炒均勻。

❺ 最後將所有調味料加入作法❹鍋中,續炒至有香味,最後淋上太白粉水略勾薄芡即可。

延伸料理 **干貝檸檬魚**

材料

鱸魚 1 尾
檸檬 2 顆
辣椒 1 條
蒜頭 3 瓣
香菜 2 根
新鮮香茅 1 根
檸檬汁 1 小匙

調味料

干貝醬／瑤柱醬
2 大匙
檸檬汁 1 大匙
香油 1 小匙
魚露 1 小匙
鹽巴少許
水 2 大匙
醬油 1 小匙
米酒 1 大匙

作法

❶ 辣椒去蒂切碎、蒜頭去皮切碎,香菜洗淨切碎, 香茅拍扁切段,均放入大碗中,再加入所有調味料充分攪拌均勻,備用。

> TIPS:如果沒有瑤柱醬,可以 XO 醬替代,或者選用新鮮干貝與鱸魚同蒸。

❷ 鱸魚洗淨,對半剖開但不切斷,以餐巾紙吸乾水分,放入大盤中,淋上作法❶調好的醬汁,備用。

❸ 取蒸籠,底鍋倒入足量水燒滾,放入作法❷以大火蒸約 10 分鐘,熄火燜 3 分鐘。

❹ 檸檬洗淨切片,備用。

❹ 將作法❸蒸好的魚取出,淋入少許檸檬汁,再排上作法❹檸檬片即可。

🍴 清蒸檸檬魚

檸檬汁的完美比例好夠味

檸檬汁的比例，以 1 台斤（約 600 公克）的魚來說，調味汁約使用 1 大匙檸檬汁，起鍋後再淋上約 1 小匙。

想要讓檸檬的酸香完全融入魚身，不只蒸之前加檸檬汁調味，在起鍋後還要再補加入 1 小匙檸檬汁，因為蒸煮過程能使魚肉充分吸收檸檬味，但經過熱揮發香氣散去，酸味也降低了，所以起鍋之後再淋上少許，調整酸度外，聞起來更清香濃郁，滋味更絕美。

材料

龍虎斑魚 1 尾
（1200 公克）
檸檬 1 顆
辣椒 1 條
蒜頭 3 瓣
香菜 2 根
蔥段 1 根
新鮮香茅 1 根
檸檬汁 1 小匙

調味料

檸檬汁 1 大匙
香油 1 小匙
魚露 1 大匙
砂糖 1 小匙
鹽巴少許
水 2 大匙
醬油 1 小匙
米酒 1 大匙

作法

1　辣椒切碎、蒜頭去皮切碎，香菜洗淨切碎，香茅拍扁切段，均放入大碗中，再加入所有調味料充分攪拌均勻，備用。

　　TIPS：香茅拍扁，味道才容易釋放出來。

2　龍虎斑魚洗淨，對半剖開但不切斷，以餐巾紙吸乾水分，底部鋪蔥段放入大盤中，淋上作法 1 調好的調味汁。

　　TIPS：餐巾紙吸乾水分，才不會有多餘水分稀釋調味料的味道。

3　取蒸籠，底鍋倒入足量水燒滾後，放入作法 2 的魚以大火蒸約 15 分鐘，熄火燜 3 分鐘。

4　將作法 3 蒸好的魚淋入少許檸檬汁，在魚旁排入切好的檸檬片即可。

蒸魚成功重點，看這裡！

利用中華鍋或蒸鍋，水一定要先燒滾，再放入魚，熟成時間精準，恰恰好的時間讓魚肉多汁鮮美。

若不是整尾的魚，以切片魚排來看的話，蒸的時間以水滾後計算，大約 10 分鐘即可開鍋，若是用電鍋，可先於外鍋加入一杯水，待冒出煙後開蓋放入魚，再開始計算時間。無論那一種魚，為了怕魚皮或魚肉黏在盤底，可先用蔥段鋪底，即能去腥又能預防沾黏，一舉二得喔。

延伸料理　小魚干炒莧菜

材料

莧菜 250 公克
小魚乾 30 公克
蒜頭 2 瓣
豆豉 1 大匙

調味料

鹽巴少許
白胡椒少許
香油 1 大匙
雞湯 150 cc

作法

❶ 莧菜切除根部後洗淨，切小段，備用。

　　TIPS：莧菜一定要切小細段，做出來才會粒粒分明好看。

❷ 小魚乾洗淨泡米酒，豆豉洗淨擠乾水分，蒜頭去皮切碎，辣椒切碎，備用。

　　TIPS：小魚乾泡過米酒，可去腥增香氣。

❸ 取炒鍋倒入適量油燒熱，放入所有作法❷材料以中火爆香，再加入作法❶莧菜翻炒均勻，最後加入所有調味料大火燴煮一下即可。

🍴 金銀雙蛋炒莧菜 做對步驟金銀蛋更出味

大廚美味重點

金銀雙蛋指的是「鹹蛋和皮蛋」，想要湯汁不濁黑，皮蛋一定要先蒸熟定形（電鍋外鍋 1/2 杯水）再下鍋炒。想要鍋氣十足一定要爆香，只是鹹蛋黃先下鍋爆香的料理又稱做「金沙」，而製作金銀蛋炒莧菜時，一定要先爆香蒜頭和辣椒出味後，再來才是炒鹹蛋黃到起泡，這樣做香氣堆疊才會有層次，吃來口感豐富。

材料

莧菜 250 公克
鹹蛋 1 顆
皮蛋 1 顆
蒜頭 2 瓣
辣椒 1/2 條

調味料

雞高湯 600 cc
鹽巴少許
白胡椒少許
香油 1 小匙
砂糖少許

作法

1　先將皮蛋放入電鍋中蒸 10 分鐘，取出，待略涼後去殼切小丁；鹹蛋也去殼切丁；備用。

　　TIPS：皮蛋雖可直接食用，先蒸過是為了讓皮蛋熟透定形，再次料理時就不會使湯汁變黑。

2　莧菜切除根部後洗淨，切約 2 公分小段，備用。

3　蒜頭去皮切碎，辣椒去蒂切碎，備用。

4　取炒鍋倒入 1 大匙油燒熱，加入作法 3 以中火爆香，再加入作法 1 的鹹蛋與皮蛋，一起炒出香味。

5　將作法 2 莧菜與所有調味料放入作法 4 鍋中拌勻，以大火燴煮一下即可。

　　TIPS：莧菜非常易熟，不要久煮以免過熟失了口感。

紅莧菜與白莧菜

白莧菜與紅莧菜的盛產期都是每年的 4 月至 10 月，兩種菜口感與特性相近，但營養略有不同，因此顏色各異。一般來說，白莧菜口感細緻些，大多搭配蝦仁、蝦米、魩仔魚一起料理，也常做成羹湯食用。而口感較粗的紅莧菜，最多切成小段與白飯一起滾粥，或者搭配薑絲和麻油一起簡單炒香後食用。

延伸料理 辣炒鹹蛋茭白筍

材料

茭白筍 300 公克
蒜頭 3 顆
辣椒 1 根
青蔥 1 根
鹹蛋 2 顆

調味料

香油 1 大匙
鹽巴少許
白胡椒少許
米酒 1 大匙
辣豆瓣 1 大匙

作法

❶ 茭白筍洗淨去殼，切斜片，備用。

　TIPS：切斜片比圓片容易入味，也比較好看。

❷ 蒜頭去皮切碎，辣椒去蒂切碎，青蔥洗淨切蔥花，備用。

❸ 鹹蛋去殼，將蛋黃與蛋白分開切碎，備用。

❹ 取一支炒鍋倒入 1 大匙香油燒熱，加入蒜頭碎和辣椒碎以中火爆香，再加入茭白筍片翻炒均勻。

❺ 最後將鹹蛋黃碎加入作法❹鍋中，繼續炒出香氣，再加入一半鹹蛋白碎與所有調味料炒勻，試一下味道，再依鹹度適量添加剩餘的鹹蛋白碎炒勻即可。

　TIPS：鹹蛋白的鹹度高，所以先加一半，試味道後再調整，以免過鹹。

🍴 香拌茭白筍

汆燙過再冰鎮最爽脆

涼拌菜吃的是涼、脆、味,其中最難做到的是脆。茭白筍想要口感脆甜,必須經過「**汆燙和冰鎮**」這冷熱三溫暖的工續,尤其冰鎮最是關鍵,剛從熱呼呼的水中撈起,立刻放入冰水中快速冷卻,一熱一冷的溫差可讓食材爽口鮮脆,而且一定要冰鎮至完全冷卻,但也不能過久,浸泡過久反會流失甜味。如果是炒,也可先汆燙5分鐘再炒,可更快熟入味。

材料

茭白筍 300 公克
紅甜椒 1/3 顆
青蔥 1 根

醬汁

蒜頭 2 瓣
薑 15 公克
辣椒 1 根
香菜梗 2 根
香油 2 大匙
鹽巴少許
白胡椒少許
砂糖 1 小匙
白醋 1 小匙

作法

1 茭白筍洗淨,切成小滾刀塊,放入滾水中煮約 3-4 分鐘至軟,撈出放入冰水中冰鎮,待涼去殼後,備用。
   TIPS:茭白筍燙過之後泡冰水,口感才脆嫩。

2 蒜頭和薑均去皮,辣椒去蒂,香菜梗洗淨,均切碎。

3 將作法 2 材料均放入大碗中,加入剩餘的醬汁材料拌勻,備用。
   TIPS:喜歡吃辣可以加 1 小匙辣椒油一起拌勻。

4 紅甜椒去蒂及籽,切小菱形片;青蔥洗淨,切蔥花;備用。

5 將作法 1 茭白筍塊放入盤中,均勻撒入紅甜椒片,再淋入作法 3 醬汁,最後撒上蔥花即可。

茭白筍的挑選

茭白筍挑得好,滋味特別鮮甜多汁,採買時選瘦長形,不可過胖,外殼的顏色帶點淡綠就好,底部白白的,吃起來才鮮嫩,反之通常已過老,吃來纖維較粗,不好咬。

延伸料理 竹筍炒肉絲

材料

豬肉絲 200 公克
竹筍 2 根
蒜頭 3 瓣
辣椒 1/2 根
青蔥 2 根
酸菜 150 公克

調味料

辣豆瓣少許
油蔥醬 1 大匙
醬油 1 小匙
砂糖 1 小匙
水適量
香油 1 小匙

作法

❶ 竹筍去殼，先切片再切成絲，放入滾水中汆燙過水，撈起瀝乾水分，備用。

　TIPS：竹筍選用綠竹筍、桂竹筍或麻竹筍皆可，如果選擇桶筍，必須先充分洗淨、以 1 大匙鹽巴燙煮 20 分鐘後再使用。

❷ 蒜頭去皮切片，辣椒去蒂切片，青蔥洗淨切小段，酸菜洗淨切絲，備用。

❸ 取炒鍋倒入適量油燒熱，放入豬絞肉以中火炒至變色，再加入作法❶和❷所有材料一起炒出香味，最後放入所有調味料拌勻，燴煮至湯汁略收乾即可。

🍴 竹筍燒肉塊

雞油鵝油配筍
對味滑順

（大廚
美味重點）

竹筍味道鮮美，但因為纖維含量高，口感上容易顯得乾澀，吃多也容易讓腸胃不適，所以在料理時多會搭配油脂高的食材。要幫助竹筍入味且入口滑順，**搭配雞油或鵝油最為對味**，尤其鵝油能加速軟化竹筍，吃起來不老化，更快速入味。

建議回家後以滾水汆燙 5 分鐘後再做其他料理。也可以綠竹筍替代，風味口感一樣好。

材料

綠竹筍 2 根
豬梅花肉 300 公克
福菜 100 公克
辣椒 1 根
蒜頭 3 瓣
薑 20 公克

醃料

玉米粉 1 大匙
香油 1 大匙
鹽巴少許
白胡椒少許
醬油 1 小匙
砂糖 1 小匙
蒜泥 1 粒
水適量

調味料

紹興酒 2 大匙
鵝油 1 大匙
醬油 1 大匙
冰糖 1 大匙
水 500 cc
白胡椒少許

作法

1 豬梅花肉洗淨，切小塊，放入大碗中，再放入所有醃料拌勻，醃漬約 5 分鐘，備用。

2 綠竹筍洗淨，切成約 7 公分長條狀，放入滾水中汆燙 5 分鐘，撈出瀝乾水分，備用。

3 福菜洗淨切小段，辣椒去蒂對切，蒜頭和薑均去皮拍扁，備用。
  TIPS：福菜清洗時須多加沖泡，去除多餘的鹹味。

4 取一支炒鍋倒入 1 大匙油燒熱，放入作法 1 豬梅花肉以大火煎至上色，再加入作法 2 和 3 一起加入翻炒均勻。
  TIPS：竹筍和福菜一起炒過再同煮，香氣會更好些。

5 將所有調味料放入作法 4 鍋中，以中火燴煮約 10 分鐘即可。

延伸料理 **紅燒冬瓜**

材料

冬瓜 500 公克
薑 20 公克
青蔥 2 根
枸杞 1 小匙

調味料

醬油膏 2 大匙
醬油 1 大匙
砂糖 1 大匙
香油 1 小匙
鹽巴少許
白胡椒少許
雞湯 550 cc

作法

❶ 冬瓜洗淨去皮，切小塊，瑤柱絲泡米酒放電鍋蒸 20 分鐘備用。

❷ 薑去皮切片，青蔥洗淨切小段，枸杞洗淨，備用。

❸ 取一支炒鍋倒入適量油燒熱，加入薑片與青蔥以中火先爆香，加入冬瓜塊略炒，再加入所有調味料拌勻，繼續燴煮至冬瓜熟軟。

❹ 最後將枸杞，瑤柱絲加入作法❸鍋中，略煮一下即可。

🍴 冬瓜燴煮瑤柱

冬瓜與薑搭配
不只對味更是對性

大廚
美味重點

台灣人對蔬菜料理最常用蒜頭爆香,為什麼冬瓜要用薑呢?因為冬瓜性寒,有些人吃了容易腸胃不適,而薑有暖身作用,可以平衡冬瓜的寒性,還能提升冬瓜的甜味與香氣。

想要冬瓜快速軟化,除切成相同大小外,可以用叉子間隔戳些小洞,能幫助冬瓜快點熟成及好入味,我們這裡大廚為了教大家賣相更好看,改用小湯匙挖一小洞,將干貝放入一起燴煮,色香味俱全喔。

材料

冬瓜 500 公克
整粒乾瑤柱 10 粒
薑 20 公克
青豆仁 20 公克
枸杞 1 小匙

調味料

醬油 1 小匙
鹽巴少許
白胡椒少許
雞高湯 350 CC

作法

1 冬瓜洗淨去皮,切成約 3 公分寬的方塊,中間用小湯匙挖一小洞,大小與乾瑤柱同大小備用。
   TIPS:切的大小可稍微調整,但必須盡量相同。

2 薑去皮切片,乾瑤柱先與 2 大匙米酒蒸約 20 分鐘,青豆仁、枸杞均洗淨,備用。

3 再將冬瓜取出,再將蒸好的乾瑤柱塞入冬瓜洞裏面,再將所有調味料與薑切末一起攪拌均勻,也一同加入冬瓜裡面,再放入電鍋中蒸約 30 分鐘即可。

4 枸杞,青豆仁在蒸的最後 10 分鐘中途加入,再續蒸 10 分鐘即可。
   TIPS:枸杞易熟,不需久煮,以免失了口感。

挑好冬瓜很重要!

冬瓜體型很大,一般採買多是切片,整顆冬瓜雖然甜度與水分幾乎相同,但不同部位口感卻略有差異,頭尾肉質較硬,中段則較軟。挑選時選擇中段,才容易軟化與入味。

延伸料理 大黃瓜鑲肉

材料

豬絞肉 350 公克
大黃瓜 1 條
蒜頭 3 瓣
辣椒 1/2 條
香菜 2 根

醬汁

醬油 1 小匙
雞高湯 350cc
香油 1 小匙
砂糖 1 小匙
太白粉水 少許

調味料

罐頭醬瓜 80 公克
蛋白 1 粒
香油 1 小匙
太白粉 1 大匙
水 適量
鹽巴 少許
白胡椒 少許
米酒 1 大匙

調味料

毛豆仁 1 小匙

❶ 首先將大黃瓜去皮,再切成約 5 公分的圈狀,再
將籽與囊去除備用。

❷ 再將罐頭醬瓜,蒜頭,辣椒,香菜都切成碎狀備
用。

❸ 再取一個容器,再加入豬絞肉與作法❷的所有材
料,再加入所有的調味料,再以手掌力氣抓嘛出
筋為止。

❹ 接著再將處理好的大黃瓜內部先使用些許的太白
粉抹上,再將攪拌好的豬絞肉鑲入,上面在放上
一片紅辣椒即可。

❺ 最後再將黃瓜盅放入中蒸籠裡面蒸約 25 分鐘,起
鍋後,將醬汁材料煮開成稠狀後,回淋入黃瓜盅
上面即可。

❻ 最後取出後再放入汆燙好的毛豆仁裝飾即可。

🍴 苦瓜盅

神奇豆腐乳能中和苦味

苦瓜盅多**選用白玉苦瓜的中段**,大小差不多,煮出來的時間才會
差不多。要去除苦瓜肉的苦味,除將苦味較重的籽與囊去掉外,
還可以**搭配豆腐乳的甘鹹味去中和苦瓜**,再加上蛋白一起調勻後,
用力摔打增加肉餡黏性,出來的肉質更紮實,更好鑲入苦瓜中,
賣相超級漂亮。

材料	調味料		醬汁
豬絞肉 350 公克	豆腐乳 2 塊	白胡椒少許	醬油 1 小匙
白玉苦瓜 1 條	蛋白 1 粒	米酒 1 大匙	雞高湯 350 cc
蒜頭 3 瓣	香油 1 小匙	紅辣椒片適量	香油 1 小匙
辣椒 1/2 條	太白粉 1 大匙		砂糖 1 小匙
香菜 2 根	水適量		太白粉水少許
太白粉適量	鹽巴少許		

作法

1 苦瓜洗淨,切成約 5 公分高的圓段,再將內圈的籽與囊肉去除,備用。
   TIPS:山苦瓜體型小、苦味重,蒸過之後顏色也會變黃,較少選用。

2 蒜頭去皮切碎,辣椒去蒂切碎,香菜洗淨切碎,備用。

3 將豆腐乳放入大碗中壓碎,再加入豬絞肉與作法 2 所有材料和所有調味料,以手掌抓揉摔
   打至均勻且略具彈性,備用。

4 將每個作法 1 苦瓜內部均勻抹上少許太白粉,並各填入適量作法 3 拌好的豬絞肉,上面放
   上一片紅辣椒片,排入盤中放入蒸籠,以大火蒸約 15 分鐘後取出。
   TIPS:苦瓜抹太白粉,能幫助固定肉餡,防止肉餡脫落。

5 將所有淋汁材料放入小鍋中,小火煮至成濃稠狀,均勻淋在作法 4 苦瓜盅上即可。

🍴 延伸料理 **香煎雞排**

材料

雞腿排 1 片
高麗菜 1/4 顆
小黃瓜 1 條

醃料

鹽巴少許
白胡椒少許
香油 1 大匙

炸衣

麵粉適量
全蛋液適量
麵包粉適量

作法

❶ 雞腿排拍鬆,與所有醃料拌勻醃漬 10 分鐘,備用。
　TIPS:雞腿肉雖不帶筋,但肉大塊且緊實,拍過較易入味與熟透。雞腿肉挑選肉質細軟的普通飼料雞即可。

❷ 將高麗菜洗淨切成細絲,小黃瓜洗淨切絲,分別泡入冰水中冰鎮,備用。

❸ 將作法❶雞腿排依序均勻沾上麵粉、全蛋液和麵包粉,放入約 170℃ 的熱油中以中火油炸至呈金黃色,撈出瀝乾油分,食用時搭配上瀝乾水分的蔬菜即可。

🍴 香煎豬排配生菜

斷筋拍薄
豬肉不縮不硬

（大廚
美味重點）

里肌肉要選肉質肥美的，邊緣有一層白色筋膜，若不事前處理就下鍋，容易遇熱就收縮，肉的口感就會變得乾硬。想要里肌肉不乾也多汁柔嫩，**必須以刀尖將外圈的白筋略斷。**

繞著肉一圈切個幾刀，**再拿肉鎚（刀背拍）均勻敲過**，必須敲斷肉的筋才能不縮，這裡千萬不要輕拍幾下就完事，一定要將肉敲拍出鬆感，變薄時才能更好吸收醃汁入味，再經過煎或炸之後，也能維持柔嫩度。

材料	調味料	醬汁
里肌肉 200 公克	鹽巴少許	A1 醬 50 cc
高麗菜 1/4 顆	白胡椒少許	番茄醬 1 大匙
小黃瓜 1 條	香油 1 大匙	芥末籽醬 1 大匙
	蒜泥 1 小匙	砂糖 1 小匙
	五香粉少許	

作法

1 里肌肉以肉鎚（用刀背也行）拍鬆，放入大碗中，加入所有醃料拌勻，醃漬 10 分鐘，備用。
   TIPS：里肌肉切成厚度 2 公分最適合，在拍鬆變薄後仍舊有口感。

2 將高麗菜洗淨切成細絲，小黃瓜洗淨切絲，分別泡入冰水中冰鎮，備用。

3 將所有醬汁材料放入小碗中調勻，備用。

4 平底鍋倒入適量油燒熱，放入作法 1 里肌肉片，以中小火半煎炸約 6 分鐘至上色。
   TIPS：油量多些，以半煎炸的方式烹調，更快速熟透，肉質能更多汁軟嫩。

5 將作法 4 盛入盤中，食用時搭配上瀝乾水分的作法 2 蔬菜與作法 3 醬汁即可。

🍴 延伸料理　莧菜豆腐湯

材料
莧菜 250 公克
嫩豆腐 1 盒
芹菜 2 根
薑 15 公克
豆芽 1 把

調味料
水 900 cc
鹽巴少許
白胡椒少許
香油 1 小匙
玉米粉 1 小匙

作法
❶ 首先將莧菜去蒂，再切成碎狀備用。

❷ 把嫩豆腐切成小丁狀，備用。

❸ 將芹菜切碎，豆芽對切，薑切絲備用。

❹ 取一支湯鍋再加入一小匙香油，再加入薑絲爆香，再加入所有調味料以中火煮約 5 分鐘。

❺ 接著再加入豆芽、嫩豆腐、芹菜一起再續煮 5 分鐘，再勾薄欠即可。

莧菜魩仔魚羹

3 重點，莧菜羹味美湯鮮

大廚
美味重點

莧菜是夏季盛產的好蔬菜，用來搭配魩仔魚煮羹湯，是道高纖的營養好湯，不過不是全部丟入鍋中煮熟就好，這可是道鮮味極高的工夫菜呢！

重點 1：莧菜要切碎，莧菜的濃郁度與味道才能在湯中融合，**重點 2**：魩仔魚最好要先以蔥水汆燙，去腥除雜質外，也能去掉過多的鹹味（因為台灣很多熟魩仔魚都是事先用鹽水燙熟處理好的），**重點 3**：也就是最後勾芡，使所有材料與味道能結合，入口鮮濃滑順。

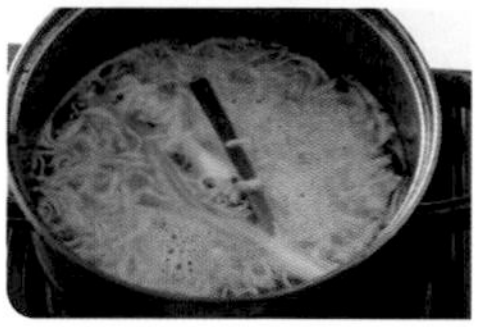

材料

莧菜 250 公克
魩仔魚 150 公克
薑 20 公克
蒜頭 2 瓣
紅蘿蔔 20 公克

調味料

香油 1 小匙
米酒 1 小匙
雞高湯 900 cc
鹽巴少許
白胡椒少許
玉米粉水適量

作法

1. 莧菜洗淨去除根部，切碎，備用。
2. 魩仔魚洗淨，放入加了蔥的滾水中汆燙一下，撈出再次洗淨後瀝乾水分，備用。
   TIPS：經過汆燙和再次洗淨，能去掉雜質與碎屑，魩仔魚的味道更正。
3. 紅蘿蔔、薑和蒜頭均去皮，切碎，備用。
4. 取一支湯鍋加入 1 小匙油燒熱，加入蒜頭碎與薑碎以小火爆香，再加入魩仔魚和玉米粉水以外的所有調味料，以中小火煮約 5 分鐘。
   TIPS：雖是煮湯，先爆香過更能增添香氣，也讓湯汁口感更滑順濃郁。
5. 最後將莧菜碎加入作法 4 鍋中續煮 5 分鐘，再以玉米粉水勾芡即可。

冬瓜直接換山藥，就是另一種美味煲湯啦！

延伸料理 冬瓜蛤蜊湯

材料

冬瓜 450 公克
薑 20 公克
蛤蜊 450 公克
鴻喜菇 1/2 包

調味料

水 2000 cc
鹽巴少許
白胡椒少許
香油 1 小匙
米酒 1 大匙

作法

❶ 冬瓜去皮，切小塊，備用。

❷ 蛤蜊洗淨，泡鹽水靜置吐沙 1 小時，再次洗淨，備用。

❸ 薑去皮切絲，鴻喜菇去蒂切小丁，備用。

❹ 取一支湯鍋加入作法❶冬瓜與所有調味料以中小火先煮約 20 分鐘。

❺ 待作法❹鍋中冬瓜煮至熟軟，加入蛤蜊、薑絲和鴻喜菇再續煮 5 分鐘即可。

TIPS：蛤蜊入鍋後只需煮 3 至 5 分鐘就打開，此時起鍋味道最鮮美，肉質也不老。

🍴 冬瓜薏仁排骨湯

泡足時間
薏仁快熟易爛

（大廚
美味重點）

薏仁必須先泡水，吸足了水分，才能快速煮熟且軟爛好咀嚼。
泡水的時間至少要 3 小時以上，前一晚先泡可以確定浸泡的時間足夠，才好快速煮熟。也可事先泡好分裝後放入冰箱冷凍保存，方便隨時取用，泡好且冷凍過的薏仁，煮湯時熟成的時間還能更縮短。

材料

冬瓜 500 公克
薑 20 公克
薏仁 100 公克
豬肋排 300 公克
枸杞 1 小匙

調味料

米酒 1 大匙
香油 1 小匙
水 2600 cc
鹽巴少許
白胡椒少許

作法

1　豬肋排洗淨切小塊，放入滾水中汆燙去掉血水，撈出瀝乾水分，備用。
　　TIPS：汆燙去血水，可以去除肉腥味。

2　冬瓜洗淨去皮，切小塊，備用。

3　薏仁洗淨，泡水 3 小時；薑去皮切片；備用。

4　取一支湯鍋，先放入薏仁煮 20 分鐘，再放入冬瓜及排骨與所有調味料以中火煮約 35 分鐘，最後撒上枸杞即可。
　　TIPS：薏仁如果經過長時間燉煮開花，會釋放有澱粉質及本身的甜味，湯頭會呈現奶白色，喝來很清甜。

秋
季
料
理

Chapter

3

秋天是一年當中最美的季節，
枯黃的落葉、肥美的海鮮、
乾燥的空氣、舒適的溫度，
雖然偶爾還會來個秋老虎，
總還是個適合野餐、大啖海鮮、
補充膠原蛋白的好時機，
這時候
一定要多吃大地饋贈的好食材，
美味好食帶給我們不同的享受。

大地的美味

馬鈴薯

蓮藕

秋葵

扁蒲

芥藍菜

菱角

玉米

大廚基本功

台灣廚房的調味重點

Q1 不用市售高湯塊，自己煮的也能真好吃嗎？

當然可以，書中邱主廚教大家的爆香和鍋氣，確實做到再加上好食材，簡單調味就好味。若可運用天然食材自己熬煮高湯，給料理增甜加味，蔬菜高湯、大骨高湯、雞骨高湯等最健康，只是美味常需要等待，急不得喔！

熬煮高湯若覺得太麻煩，可以一次工做多一點，運用保鮮盒分裝冷凍，需要使用時一次一盒取出搭配料理喔！還有懶人方法分享，在煮雞湯和排骨時，可以先不要放配料，第一次放多一點水，煮到持續小滾約 15~20 分時，先取出一小部分裝入保鮮盒中，就是雞高湯（大骨高湯）囉，剩下的加入配料繼續接下來的步驟就好。

Q2 醬油好多種，該怎麼挑怎麼用？

依個人需求選擇需要的口味，盡可能不要選不知名品牌醬油就好。

通常醬油保存期限為 12-15 個月不等，若是淡醬油或是純釀造醬油，在開罐後會發酵，建議一旦開封後都要放冷藏保存，以免因天熱容易壞。當然一次不要買太多，也不要買太大瓶，用完再買最好。

Q3 冰糖、二砂糖、白糖、黑糖怎麼選擇應用在適合的料理上呢？

冰糖：通常用在甜湯，若是鹹的菜色，可在滷肉燉肉等，成品更光亮有黏性，不死鹹。

二砂糖：炒糖後焦化可讓肉好上色，通常會是在使用增色滷肉、燉菜使用。

白糖：通常會在快炒時增甜味，料理不用加味精。還能做甜點、做糖水使用。

黑糖：通常是做甜點，焦糖使用，如黑糖珍珠、黑糖土司、黑糖薑茶。

Q4 米酒好多種，料理上該如何用酒呢？

紅標米酒大多分為料理米酒、米酒頭、米酒水三種。

料理米酒：通常都會加入鹽巴，在料理上面就可以不加鹽巴了。

米酒頭：大部分要使用醃漬，做藥酒居多。

米酒水：大部分會使用在坐月子料理居多。

🍴 香菇雜炊飯

水和米以 **1** 比 **1.1**
瓦斯煮飯真美味

大廚
美味重點

煮雜炊飯使用瓦斯爐煮最美味，可以讓米粒更 Q 彈，蔬菜湯汁也更完整吸收。瓦斯爐煮飯經常擔心米煮不熟或是燒焦，其實不難，只要「**水和米以 1 比 1.1**」的黃金比例搭配，以砂鍋或鑄鐵鍋煮，且火力不要太強，剛下鍋時多拌幾下，加蓋燜煮時注意聽鍋裡的聲音，發出嘶嘶聲表示鍋裡水乾了，也就可以起鍋。如果喜歡略帶鍋巴，可再多煮一下即可。

材料

白米 1 杯
乾香菇 3 朵
鮮香菇 5 朵
金針菇 1/2 把
去骨雞腿排 1 片
薑 20 公克
紅蘿蔔 50 公克
香菜 2 根

調味料

昆布 1 小段（10 公克）
香菇水 300 cc
鹽巴少許
白胡椒少許
香油 1 小匙

作法

1　香菇洗淨泡軟，切小丁，泡香菇的水留下；昆布洗淨，泡軟備用。

2　白米洗淨，以香菇水浸泡約 30 分鐘，備用。
　　TIPS：以香菇水泡米，煮出的飯更有香氣。

3　鮮香菇洗淨，切片後刻花；去骨雞腿排洗淨切小丁；薑去皮切碎；紅蘿蔔去皮切絲；金針菇去蒂洗淨；備用。

4　熱砂鍋，倒入適量油燒熱，放入雞腿丁以大火爆香，再加入其他剩餘材料和所有調味料拌勻，改中火煮開後再改小火煮約 20 分鐘收湯汁至軟起鍋前撒入切碎的香菜裝飾即可。
　　TIPS：煮開前多攪拌，以免米粒沾黏鍋底，容易燒焦。

香菇的選擇

製作炊飯，選乾製的香菇，香氣才足，傳統香菇不論大小或品種，或是進口的牛肝菌菇、巴西蘑菇都可以使用。新鮮香菇的香氣較淡，建議搭配乾香菇一起，香氣才夠，金針菇、蘑菇、洋菇、鴻喜菇、美白菇、精靈菇都可以使用。

螃蟹處理看這裡！

① 以食物剪刀從中間插入。

② 二手分別用力打開蟹殼。

③ 將肺葉取出，不能食用。

④ 取出蟹黃上白膜，這樣放在米糕上時才能入味。

長糯米和圓糯米的選擇？

圓糯米體型較圓胖，頭圓圓的。長糯米很明顯兩頭尖的長體形，且顏色較白。二種糯米選擇時都要看外表，顏色要白，有些淡黃色則較不新鮮，也不可以長米蟲，米粒摸起要乾爽，如果有粉粉沙沙的手感，可能會是舊米。

🍴 紅蟳米糕

蒸前蒸後拌醬油米糕好上色

糯米浸泡時間一定要足夠,才容易熟成。若要糯米漂亮上色,在蒸的過程時就先加 1 大匙醬油一起加熱著色,蒸熟後開蓋時再加 1 大匙醬油再次拌勻,這樣分 2 次加醬油蒸出來的米糕顏色好看,香氣也更濃。蒸時需要大火,**蒸籠的水一定要放至 7 分滿以上,蒸氣才會足,米粒才會蒸得透**,快熟又口感 Q 彈。

材料

大型母紅蟳
（沙母）1 隻（12 兩）
豬肉絲 150 公克
長糯米 600 公克
紅蔥頭 10 瓣
乾香菇 8 朵
蒜頭 3 瓣
香菜碎 3 根

醃料

醬油 1 小匙
香油 1 小匙
鹽巴少許
白胡椒少許
太白粉 1 小匙

調味料

麻油 2 大匙
醬油 3 大匙
砂糖 1 小匙
蔥油醬 1 大匙
白胡椒粉 1 小匙
水 600 cc

作法

1 長糯米洗淨,泡水至少 5 小時以上,瀝乾水分,放入大碗中,加入 1 大匙醬油拌勻,放入鋪有濾布的蒸籠中攤平,以大火蒸約 40 分鐘至熟軟,備用。

TIPS：蒸糯米需要較長時間,可利用蒸的時間準備其他材料。

2 豬肉絲放入大碗中,加入所有醃料抓勻醃漬至入味,備用。

3 紅蟳去鰓,洗淨後切厚片；紅蔥頭和蒜頭均去皮、切片,乾香菇泡軟切片,備用。

4 熱鍋,倒入 1 大匙沙拉油燒熱,放入作法 2 豬肉絲以中火爆香至變色,再加入所有作法 3 材料（紅蟳除外）,一同續炒至香氣濃郁。

TIPS：將豬肉絲的豬油炒出來,再與配料一起炒,香氣最足。

5 將所有調味料加入作法 4 鍋中拌勻並以中火煮至滾開,備用。

6 將作法 1 蒸好的長糯米放入大容器中,加入作法 5 快速攪拌均勻,排上作法 3 紅蟳,放入蒸籠中以大火蒸約 5 分鐘,取出撒上香菜碎裝飾即可。

TIPS：最後一次蒸製,是為了將紅蟳蒸熟,同時讓拌好的糯米入味,不需過長時間。

延伸料理 🍴 **蝦米炒扁蒲**

材料

扁蒲 1/2 顆
蒜頭 3 瓣
薑 15 公克
蝦米 1 大匙

調味料

米酒 1 小匙
香油 1 小匙
雞高湯 300 cc
鹽巴少許
白胡椒少許

作法

❶ 扁蒲洗淨去皮,切粗條;備用。

❷ 蝦米洗淨瀝乾水分,切碎泡米酒至軟後再次瀝乾;薑去皮切絲;備用。

❸ 熱鍋,倒入 1 大匙油燒熱,放入作法❷薑絲與蝦米先爆香,加入作法❶炒勻,再加入所有調味料炒勻,最後以中火燜煮約 10 分鐘至軟即可。

TIPS:雞高湯更能顯出扁蒲的甜味。扁蒲不易熟,加蓋燜煮可加快煮熟的時間。

🍴 扁蒲鮮肉鍋貼

3 重點鍋貼內鮮外脆

如果喜歡做為內餡的扁蒲口感軟一些，可以先將切好的扁蒲放入鍋中以中火乾炒，**重點 1**：讓肉質先軟化，再煎鍋貼的過程扁蒲自然會很快熟，也不會出水太多。但須注意，炒過的扁蒲一定要放涼後才能與其他肉餡一起拌勻，否則餘溫會使生肉容易腐壞酸敗。
重點 2：麵粉水的黃金比例為「**麵粉 1：水 10**」，拌勻後再加入 3 滴沙拉油。
重點 3：煎鍋貼要底部略焦才香，加蓋煎時須注意聽聲音，水煮乾的時候，鍋裡會發出明顯的嘶嘶聲，此時再略煎一下即可。

材料 ▶

扁蒲 300 公克
豬絞肉 200 公克
青蔥 3 根
薑 30 公克
蒜頭 5 瓣
水餃皮 50 張

調味料 ▶

五香粉 1 大匙
蒜粉 1 大匙
鹽巴少許
白胡椒 1 大匙
砂糖 1 小匙
米酒 2 大匙
香油 2 大匙

作法 ▶

1 扁蒲洗淨，去皮切小丁或切條，放入容器中，加入適量鹽巴拌勻並醃漬一下至出水，擠乾水分，備用。
   TIPS：以鹽水醃漬出水，能讓扁蒲軟化起容易熟。

2 青蔥洗淨，薑和蒜頭都去皮，均切碎，備用。

3 將作法 1、2 和豬絞肉都放入大盆中，加入所有調味料一起攪拌均勻，備用。
   TIPS：喜歡肉餡有彈性，可稍微抓揉。

4 將每張水餃皮略拉長成橢圓形，中間各包入適量作法 3 內餡，中間對折後稍微收口，備用。
   TIPS：中間收口固定即可，不需完全包起。

5 熱平底鍋，倒入適量油燒熱，排入作法 4 鍋貼，再均勻淋入適量麵粉水，加蓋以中火煎至收乾湯汁即可。
   TIPS：湯汁收乾後可稍微乾煎一下，讓底部略具焦脆口感。

秋季料理。吃好 90 | 91

延伸料理 馬鈴薯蘋果沙拉

材料

馬鈴薯 2 顆
蘋果 1 顆
小番茄 10 粒
葡萄乾 1 大匙
杏仁片 1 小匙

調味料

美乃滋 150 公克
鹽巴少許
白胡椒少許

作法

❶ 馬鈴薯洗淨後煮至熟透,撈出去皮後切大丁,備用。

❷ 蘋果洗淨去皮,切小丁,泡入檸檬水避免氧化;小番茄洗淨,每個分切成四小塊;備用。

　TIPS:蘋果丁使用前須瀝乾水分。沒有檸檬水時可使用淡醋水或鹽水。

❸ 將所有調味料一起放入大碗中攪拌均勻,再加入作法❶和❷輕輕攪拌均勻,最後撒上杏仁片和葡萄乾即可。

🍴 馬鈴薯咖哩雞

咖哩粉炒香鍋氣十足

咖哩不是用咖哩塊煮融攪一攪就好,想吃到和餐廳一樣的香濃美味,當然是有主廚絕招啦!首先咖哩粉一定要乾鍋先炒過,香氣才會濃,辣度也會跟著釋放出來。再來,利用馬鈴薯本身的澱粉質提升濃稠度,不用太白粉、玉米粉水勾芡,只要取一點煮透的馬鈴薯泥出來,壓成泥再倒回鍋中就好,最後一定要加入椰漿,不只和咖哩最對味,也能增加濃滑的口感。

材料

棒棒雞腿 3 隻

馬鈴薯 2 顆

紅蘿蔔 130 公克

薑 20 公克

蒜頭 2 瓣

辣椒 1 根

西芹 2 根

調味料

咖哩粉 2 大匙

奶油 20 公克

雞高湯 500 cc

月桂葉 2 片

椰漿 350 cc

鹽巴少許

黑胡椒少許

作法

1 棒棒腿洗淨對半切,放入熱油鍋中以中小火略煎一下,盛出,備用。
  TIPS:棒棒腿肉先煎過才容易入味。

2 紅蘿蔔與馬鈴薯去皮再洗淨切大塊;薑和蒜頭,去皮切片;辣椒去蒂切片;西芹洗淨切片;備用。

3 熱鍋,放入奶油燒融,放入咖哩粉以小火炒出香氣,加入作法 1、2 和雞高湯與月桂葉,拌勻燴煮約 20~30 分鐘至全部材料熟軟入味。
  TIPS:如果小孩吃不愛辣味,喜愛味甜一點的,可以加入蘋果丁同煮。

4 最後將椰漿倒入作法 3 鍋中拌勻,以鹽巴和黑胡椒調味並燴煮一下即可。
  TIPS:椰漿質地濃稠,如果過早加入容易使湯汁黏鍋。

延伸料理 沙茶芥藍炒牛肉

材料

芥藍菜 300 公克
牛肉 350 公克
蒜頭 2 瓣
辣椒 1 根
薑 20 公克

材料

香油 1 大匙
玉米粉 1 大匙
鹽巴少許
白胡椒少許
米酒 1 大匙

調味料

沙茶醬 2 大匙
鹽巴少許
白胡椒少許
水適量
玉米粉水適量

作法

❶ 芥藍菜去除根部,洗淨切斜片,放入滾水中汆燙至略軟,撈出過冷水,備用。

❷ 牛肉切片放入大碗中,加入所有醃料拌勻,醃漬5分鐘,備用。

❸ 蒜頭去皮切片,辣椒去蒂切片,薑去皮切絲,備用。

❹ 熱鍋,倒入適量油燒熱,放入作法❷牛肉片以大火快炒至變色,盛出,備用。

❺ 同上,倒入1大匙油繼續燒熱,放入所有作法❸爆香,加入芥藍菜翻炒均勻,再將牛肉片倒回鍋中,加入所有調味料(玉米粉水除外)大火翻炒均勻,最後淋入玉米粉水略勾薄芡即可。

芥藍炒三鮮

很多人怕煮芥藍菜，怕口感不好怕不好入味，其實確實做到以下三個小細節，不好吃都難呀！

小細節 1： 較粗的梗，以削皮刀削掉老皮。

小細節 2： 怕直接下鍋炒熟，時間一久菜就變黃了，先放入加 1 小匙油的滾水中汆燙約 2 分鐘，撈起瀝水後，再下鍋同炒，可以縮短油炒時間，保色更油亮。

小細節 3： 芥藍菜不容易入味，起鍋前勾薄芡，可以讓味道沾附在菜上，更有味道。

材料

芥藍菜 250 公克
透抽 1 尾
白蝦 10 尾
豬後腿肉 10 片
薑 15 公克
蔥白 1 根
蒜頭 2 瓣

醃料

香油 1 小匙
米酒 1 大匙
玉米粉 1 大匙

調味料

水 400 cc
蠔油 1 大匙
砂糖 1 小匙
香油 1 小匙
鹽巴少許
白胡椒少許
玉米粉水適量

作法

1 芥藍菜去除根部和老梗，切斜長片，放入滾水中汆燙過水，撈出瀝乾水分，備用。

2 透抽去內臟後洗淨、切花刀，白蝦挑除腸泥後洗淨。

3 豬後腿肉切片，放入大碗中加入所有醃料拌勻醃漬，再放入滾水中汆燙至變色，撈出瀝乾水分，備用。
   TIPS：豬肉不先汆燙，等下直接入鍋炒熟也行，口感會硬一點。

4 蒜頭和薑均去皮、切碎，蔥白洗淨、切小段，備用。

5 熱鍋，倒入 1 大匙油燒熱，放入蒜片與薑片以大火先爆香，再加入剩餘的所有材料一起炒勻。
   TIPS：海鮮類材料最後加入。

6 最後依序將調味料放入炒勻，起鍋前用玉米粉水略勾薄芡即可。
   TIPS：勾薄芡可讓湯汁均勻吸附在食材上，不易入味的食材也能吃起來夠味。

🍴
延伸料理　涼拌菱角

材料

菱角 200 公克
洋蔥 1/2 顆
芹菜 1 根
蒜頭 2 瓣
辣椒 1 根
香菜 2 根

醬汁

烏醋 3 大匙
砂糖 1 大匙
鹽巴適量
白胡椒適量
香油 2 大匙
辣油 1 大匙

作法

❶ 生菱角去殼洗淨，放入加了 1 大匙鹽巴的滾水中汆燙約 30 分鐘，
　撈出瀝乾，備用。

❷ 洋蔥去皮切絲；芹菜洗淨，切小段後泡冰水約 30 分鐘，撈出瀝
　乾水分；備用。

　TIPS：芹菜要充分瀝乾，才不會稀釋醬汁，使味道變淡。

❸ 蒜頭去皮、辣椒去蒂、香菜洗淨，全都切碎，放入大碗中加入所
　有醬汁材料攪拌均勻。

❹ 將作法❶和❷所有材料一起放入容器中，加入作法❸攪拌均勻，
　密封後放入冰箱冷藏冰鎮至入味即可。

　TIPS：冰鎮時間至少需 30 分鐘以上，可取出翻拌再放回冷藏，加快入味
　的時間。

🍴 菱角燒排骨

大廚
美味重點

菱角的處理建議最好先洗淨去殼、氽燙過水，燒排骨時比較沒有水垢味和土味，且在燒煮的過程中，也可以更快速入味。帶殼的菱角新鮮度高，剝菱角時先用小刀將中間劃一刀，再將二邊尖頭輕壓，再慢慢取出即可。如果要直接當點心吃，**煮生菱角要以鹽水煮 30 至 40 分鐘，小火煮不要滾開，保持接近 100°C即可。**

材料
生菱角 200 公克
小排骨 350 公克
紅蘿蔔 50 公克
蒜頭 2 瓣
辣椒 1 根

醃料
蒜頭泥 1 瓣
五香粉 1 小匙
鹽巴少許
白胡椒少許
香油 1 小匙
玉米粉 1 小匙
醬油 1 小匙

調味料
水 1300 cc
醬油 1.5 大匙
砂糖 1 大匙
鹽巴少許
白胡椒少許

作法

1 生菱角去殼洗淨，放入滾水中氽燙，撈出瀝乾，備用。

2 小排骨洗淨切小塊，放入大碗中加入所有醃料拌勻，醃漬約 10 分鐘，再放入平底鍋中以半煎炸方式煎至均勻上色，備用。

　TIPS：小排骨先煎過顏色和外形會較好，之後熬煮的湯汁也會更香。

3 紅蘿蔔去皮切滾刀塊，蒜頭去皮切小片，辣椒去蒂切小片，備用。

4 熱鍋，倒入 1 小匙油燒熱，放入作法 1 和 3 所有材料以中大火一起爆香，再加入作法 2 小排骨一起炒勻。

　TIPS：快火炒出香氣，再加入湯汁同煮，湯頭最好，但不可炒太久，以免出現焦味。

5 最後將所有調味料加入作法 4 鍋中，改中火續煮至小排骨入味且熟透即可。

筍乾的挑選和保存

筍乾是由新鮮桂竹筍、麻竹筍或綠竹筍，經過去殼、切片、醃漬鹽巴，再日曬至完全脫乾水分製作而來。客家人會放入陶甕或玻璃瓶密封起來，以塑膠或泥土封口保存。現在購買筍乾大多密封包裝，只能以形狀和顏色來挑選，顏色淡黃、形狀一致即可，若是購買散裝品，還可聞一下香氣，選擇香味純正沒有雜味的筍乾。保存基本密封冷藏，如果要久存也可冷凍。

🍴 筍乾滷肉

泡過煮過搭油脂 筍乾最香嫩

筍乾的前處理比較花時間，清洗的時候要多沖水，洗掉表面的汁液，接著泡水 1 至 2 個小時，中間最好也換幾次水，最後再放進滾水裡煮上 20 分鐘，才能去掉過多的鹹味與酸味，讓筍的香氣凸顯出來，肉質也更鮮嫩，料理時才容易軟爛入味。

筍乾是高纖的醃漬物，且屬性偏寒，必須搭配多一點油脂，才能包覆纖維使筍乾吃起來不澀不傷胃，更能加速熟成速度，同時使口感滑嫩。搭配三層肉或梅花肉是最常見的吃法，加上鵝油風味更佳。

材料	醃料	調味料
五花肉 900 公克	五香粉 1 小匙	鵝油 1 大匙
筍乾 300 公克	鹽巴少許	水 2500 cc
薑 20 公克	白胡椒少許	醬油 60 cc
辣椒 1 根	香油 1 大匙	冰糖 1.5 大匙
青蔥 2 根	砂糖 1 大匙	八角 2 粒
	醬油 1 大匙	月桂葉 2 片
	玉米粉 1 大匙	辣豆瓣 1 大匙

作法

1 筍乾洗淨，泡冷水約 2 小時去除鹹味，再放入滾水中煮約 20 分鐘，撈出再次洗淨，備用。

2 五花肉洗淨切成大塊，放入大碗中加入醃料拌勻，醃漬約 10 分鐘，再放入比炒菜再多一點油的鍋中，以半煎炸的方式用中大火至煎四面都上色，備用。

3 蒜頭去皮、辣椒去蒂，和薑、青蔥全部以刀面拍扁、備用。
  TIPS：不切而直接拍扁，才不會在煮的過程中軟爛而使湯頭變糊，還能充分煮出香氣。

4 熱鍋，加入 1 大匙油燒熱，放入所有作法 3 材料以中火煸炒至上色，加入作法 2 翻炒均勻，再加入所有調味料與作法 1 拌勻，以中火燴煮約 1 小時至湯汁略收即可。

🍴 西洋芹炒透抽

去粗絲抽腸泥口感最好

西洋芹一定要細心去掉粗絲，食用時口感才會細緻，不致出現咬不爛不好吞的狀況，入鍋時因熟成快，注意，**大火快炒約 3 分鐘就軟化，不用炒太久喔**。而透抽這海鮮，一定要去肚去腸泥，沖洗乾淨，稍入滾水過一下，去腥也能縮短油炒時間，保持脆口鮮味，芹菜搭配透抽最清爽脆口。

材料

西芹 5 根
透抽 1 尾
紅甜椒 1/2 顆
黃甜椒 1/2 顆
蒜頭 2 瓣
辣椒 1 根

調味料

蠔油 1 大匙
鹽巴少許
白胡椒少許
水適量
玉米粉水適量
香油 1 大匙
米酒 1 大匙

作法

1 透抽抽去肚內內臟後洗淨，切圈狀，放入滾水中略汆燙，撈出再次洗淨，備用。

2 紅、黃甜椒均去蒂及籽後切菱形片，芹菜洗淨切小段，蒜頭去皮切片，辣椒去蒂切片，備用。

3 熱鍋，倒入 1 大匙油燒熱，放入作法 2 所有材料以大火快炒均勻，再加入作法 1 和所有調味料繼續翻炒均勻即可。

TIPS：大火快炒才能維持透抽的鮮嫩，第一階段要先炒至芹菜略軟，再加入透抽。

二種芹菜都好味

台灣的芹菜常見有二種，一種是細管的土芹菜，另一種是粗管的水耕芹菜。土芹菜香氣較濃偏軟，而水耕芹菜雖然較粗，但較脆口清甜，各有優點，可依各人口味選擇。兩種芹菜的作法相同，也適合相同的料理，可依喜好挑選替換，且都適合大火快炒。

🍴
延伸料理 **紅燒藕片**

材料

蓮藕 250 公克
洋蔥 1/2 顆
蒜頭 2 瓣
辣椒 1 根
鮮香菇 3 朵

醬汁

醬油 3 大匙
砂糖 2 大匙
水 300 cc
鹽巴少許
白胡椒少許

作法

❶ 蓮藕去皮，切小片，放入滾水中燙煮約 5 分鐘，撈出瀝乾水分，
　備用。

　　TIPS：其他材料都易熟，所以蓮藕需要事先燙煮久一點的時間。

❷ 洋蔥去皮切絲，蒜頭去皮切片，辣椒去蒂切片，鮮香菇洗淨後刻
　花紋，備用。

❸ 熱鍋，倒入 1 大匙油燒熱，放入作法❷所有材料以中火先爆香，
　再加入作法❶和所有調味料，改小火續煮至湯汁略收乾即可。

🍴 蓮藕燉肉

去粗絲抽腸泥口感最好

蓮藕入口好不好吃，厚度很重要，切厚了吃起來難咬，切薄了煮的時候又易破。大約切成「0.5 公分的厚片」最適合，容易受熱也好煮至入味。

蓮藕切好遇空氣容易氧化變黑，建議入鍋前與清水和 1 大匙白醋一起煮過，能幫助快速軟化與保持顏色潔白好看。

材料	醃料	調味料
五花肉 300 公克	米酒 1 大匙	醬油 3 大匙
蓮藕 200 公克	香油 1 大匙	味醂 3 大匙
紅蘿蔔 150 公克	鹽巴少許	米酒 1 大匙
洋蔥 1/2 顆	玉米粉 1 大匙	冰糖 1 大匙
蒜頭 2 瓣		水 1300 cc
薑 10 公克		月桂葉 2 片
毛豆仁 1 大匙		

作法

1 五花肉洗淨切成大塊，放入大碗中加入醃料拌勻，醃漬約 30 分鐘，再放入平底鍋中以中火煎至上色，備用。

　TIPS：以筷子翻轉讓肉塊的每個面都均勻煎上色。

2 蓮藕去皮，切圓片，放入滾水中汆燙一下，撈出瀝乾水分，備用。

　TIPS：先汆燙除了可以去掉土味、容易熟透，也能防止變色。

3 紅蘿蔔去皮切滾刀塊，洋蔥去皮切絲，蒜頭和薑都去皮切片，備用。

4 熱湯鍋，倒入 1 大匙油燒熱，放入作法 1 和 3 材料以中火略爆香，加入醬油拌勻燒煮一下

　TIPS：加入醬油後容易燒焦，可視情況稍微調小火力。

5 將作法 2 和青豆仁與所有調味料加入作法 4 鍋中，以中火燉煮約 40 至 50 分鐘，待材料軟熟即可。

延伸料理 秋葵炒蛋

材料

秋葵 180 公克
雞蛋 2 顆
蒜頭 2 瓣
青蔥 1 根

醬汁

鹽巴少許
白胡椒少許
砂糖 1 小匙
香油 1 大匙
米酒 1 小匙
水適量

作法

1. 秋葵洗淨去蒂，切小片，備用。
2. 蒜頭去皮切碎，青蔥洗淨切蔥花，備用。
3. 雞蛋打入碗中，加入作法 2 材料一起攪拌均勻，備用。
4. 熱鍋，倒入 1 大匙油燒熱，放入作法 3 材料以大火翻炒至蛋略呈金黃色。

   TIPS：蛋要炒熟才能加入秋葵。

5. 續將作法 1 和所有調味料加入作法 4 鍋中，快速翻炒均勻即可。

♨ 麻醬秋葵

汆燙冰鎮三溫暖
最鮮綠可口

大廚
美味重點

汆燙秋葵的過程中，加入 1 大匙油和鹽巴，再**「大火汆燙 2 分鐘」**，之後立刻撈起**「泡入冰水冰鎮」**，做到這二點就可以兼顧口感柔軟與顏色翠綠。如果不喜歡麻醬口味，也可以改搭配其他口味醬汁，例如淡醬油和柴魚，做成和風口味的拌秋葵。

材料

秋葵 250 公克
紅甜椒 1/4 顆
黃甜椒 1/4 顆

調味料

芝麻醬 2 大匙
香油 2 大匙
花生碎 1 小匙
鹽巴少許
白胡椒少許
辣油 1 小匙
溫水適量

作法

1 秋葵洗淨去蒂，對半切開；紅、黃甜椒洗淨去蒂及籽，切小菱形片；備用。

2 將作法 1 全部材料放入滾水中汆燙約 2 分鐘，撈出瀝乾，再泡入冰水中冰鎮至冷卻，撈出瀝乾水分，排入盤中，備用。

 TIPS：汆燙不用久，才能維持秋葵的脆度。冬天食用可略過冰鎮的步驟。

3 將所有調味料放入碗中攪拌均勻，淋入作法 1 盤中即可。

汆燙水要加鹽加油，最保色！

汆燙蔬菜的水一定要記得先加鹽加油，再放入蔬菜，油能阻隔空氣，鹽能保色，用這樣的油鹽水燙菜，才能讓綠色蔬菜保色且更油亮好吃，就和小麵館，大多用高湯來燙青菜的道理是一樣的。

延伸料理 玉米炒蝦仁

材料

玉米粒 200 公克
蝦仁 150 公克
蒜頭 2 瓣
辣椒 1 根
青蔥 2 根
薑 15 公克

醬汁

辣豆瓣 1 小匙
醬油少許
鹽巴少許
白胡椒少許
水 200 cc
香油 1 大匙

作法

❶ 蝦仁洗淨去除腸泥，放入滾水中汆燙，至變色後撈出，備用。

❷ 蒜頭和薑去皮、辣椒去蒂，都切碎，青蔥洗淨切蔥花，備用。

❸ 熱鍋，倒入 1 大匙油燒熱，放入玉米粒以中火先爆香，再加入作法❷材料一起爆香炒勻。

TIPS：玉米粒不容易入味，所以先下鍋。

❹ 最後將所有調味料與蝦仁一起放入作法❸鍋中，以大火翻炒均勻至熟即可。

🍴 玉米蔬菜海鮮煎餅

熱鍋冷油煎餅
不黏鍋

大廚
美味重點

要煎出美美且酥脆的煎餅，最好使用平底不沾鍋，如果使用一般鍋具要先充分熱鍋，油加入後馬上將粉漿下鍋煎，熱鍋冷油才不會沾黏。

當水添加至成漿狀，再攪打至濃稠，水加太少口感會過硬，攪打不足則粉漿太稀無法固定材料，然後重點來了，煎的過程中不斷使用鏟子壓，讓所有蔬菜紮實，煎出來外型才漂亮。

海鮮可依個人喜好替換，只要新鮮就好吃。

材料

蝦仁 100 公克
鯛魚 1 片
高麗菜 120 公克
玉米粒 100 公克
洋蔥 1/3 顆
蒜頭 3 瓣

粉漿

麵粉 150 公克
太白粉 20 公克
全蛋 2 顆
水適量
香油 1 小匙

醬汁

韓式辣醬 1 大匙
檸檬汁 1 小匙
水適量

作法

1　蝦仁洗淨挑除腸泥，鯛魚洗淨切小丁，高麗菜洗淨切絲，洋蔥去皮切絲，蒜頭去皮切片，辣椒去蒂切片，備用。

2　所有粉漿材料放入大碗中，以打蛋器攪拌均勻，至濃稠狀，加入作法1所有材料與玉米粒，再次攪拌均勻，備用。

　　TIPS：使用新鮮玉米粒要先略煮過，大火炒香時才會同步熟化。

3　熱平底鍋，倒入適量油燒熱，放入所有粉漿均勻抹平整個鍋面，加蓋以中小火煎先將單面煎至金黃，再翻面煎另一面至金黃，起鍋再分切成小片，搭配調勻的醬汁一起食用即可。

　　TIPS：也可以一次放少量粉漿，成小圓餅狀煎至二面金黃即可，這對不敢一次將大圓餅翻面的人來說，會簡單一點。

🍴 素燴香菇麵筋

不管使用麵筋或麵輪，都要汆燙後再過水，去除多餘油質。素食材料大部分以大豆為主要原料，含高量大豆蛋白質，有的還會使用麵粉一起製成，過程中也許經過油炸或添加許多油質，讓口感更佳。所以素料使用前最好汆燙一下，可以去油，又可以軟化，可讓料理更清爽健康，減少油膩口感。

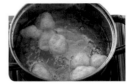

材料

鮮香菇 150 公克
素麵筋 50 公克
涼筍 1 根
紅蘿蔔 60 公克
薑 20 公克
菠菜 1 根

調味料

鹽巴少許
白胡椒少許
素蠔油 2 大匙
水 300 cc
香油 1 大匙
玉米粉水適量
砂糖 1.5 小匙

作法

1 素麵筋泡水至軟，撈出洗淨後切小塊，備用。
　TIPS：素麵筋有股油味，多洗幾次才能去乾淨。

2 鮮香菇對切，涼筍洗淨切片，紅蘿蔔去皮切片，薑去皮切片，菠菜切小段，備用。
　TIPS：涼筍是煮熟的，所以只要洗淨切片，不需另外燙煮。

3 熱鍋，倒入 1 大匙香油燒熱，放入作法 2 所有材料以中火爆香。
　TIPS：素料理少了肉香，搭配香油可增添些香氣。

4 將麵筋和所有調味料加入作法 3 鍋中拌勻，續煮至略收湯汁即可。
　TIPS：也可最後再加香菜碎。

🍴 白果雞丁炒甜豆

打水抓醃加澱粉
雞肉絕不柴

大廚
美味重點

無論使用雞胸肉還是雞腿肉，都適合切小丁，如此美觀又容易入味。雞胸肉要吃起來不柴，醃肉時要不斷打水和抓醃，水可以慢慢加入，抓醃時不要戴手套，感受肉的吸水度，或者看抓醃後不流出水分即可，最後要加太白粉或玉米粉，才會鎖住湯汁。（圖1）甜豆去粗絲很重要，才不會影響口感。再放入滾水中燙一下，能縮短油炒時間，保持翠綠色澤。（圖2）

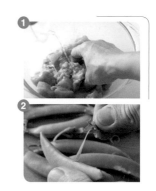

<table>
<tr><td>材料</td><td>醃料</td><td>調味料</td></tr>
<tr><td>白果 150 公克</td><td>玉米粉 1 大匙</td><td>豆瓣醬 1 小匙</td></tr>
<tr><td>雞胸肉 1 片</td><td>鹽巴 少許</td><td>香油 1 小匙</td></tr>
<tr><td>甜豆 70 公克</td><td>白胡椒粉適量</td><td>砂糖 1 小匙</td></tr>
<tr><td>蒜頭 2 瓣</td><td>香油 1 大匙</td><td>水適量</td></tr>
<tr><td>辣椒 1 根</td><td>冷水 100 cc</td><td>玉米粉水適量</td></tr>
</table>

作法

1　雞胸肉洗淨切小丁，放入大碗中加入所有醃料拌勻，醃漬約 10 分鐘，再放入平底鍋中煎七分熟，撈出瀝乾，備用。

　　TIPS：雞胸肉以平底鍋微煎再炒，能維持肉質軟嫩多汁。

2　甜豆洗淨，去筋切片，和白果一起放入滾水中汆燙後撈出，備用。

　　TIPS：白果有股苦味，汆燙可以稍微去除。

3　蒜頭去皮切碎，辣椒去蒂切碎，備用。

4　熱鍋，倒入 1 大匙油燒熱，放入作法 3 以中火先爆香，再加入作法 1 和 2 材料與所有調味料續炒至入味即可。

🍴
延伸料理　**蜜汁蓮藕**

材料
蓮藕 2 節（大）
長糯米 120 公克
枸杞 1 大匙
桂圓肉 1 大匙

醬汁
黑糖 150 公克
二砂糖 150 公克
水 1500cc

作法

❶ 長糯米洗淨泡水約 2 小時，枸杞洗淨泡水至軟，桂圓肉洗淨泡水至軟，備用。

❷ 蓮藕洗淨去皮，切成一節一節，再將每節的一端蒂頭切開，切下的蒂頭留下，備用。

❸ 作法❶泡好的長糯米濾乾水分，放入大碗中，以筷子慢慢塞入每節作法❷蓮藕的孔洞中，每個孔洞都均勻填滿後，以牙籤將每節蓮藕切下的蒂頭再固定回去。

　　TIPS：米餡要裝填緊密，不要留下空處，否則切片後就容易散落。

❹ 熱湯鍋，放入所有作法❸，加水至蓋過蓮藕一半以上，以中火煮煮 1.5~2 小時至蓮藕軟化，加入所有調味料與枸杞，桂圓肉以中小火燉煮約 50 分鐘，熄火放涼冰鎮，食用時取出切片即可。

　　TIPS：蓮藕要先煮軟再加糖，否則不會熟。煮好後加蓋燜著冷卻能更入味。

🍴 蓮藕花生排骨湯

台灣環境潮濕,花生若保存不好容易產生黃麴毒素,所以購買生花生,盡可能買冷凍保存的,味道較新鮮,買回來之後若無立刻料理,也需要冷凍保存。

蓮藕花生都是較難熟成的食材,花生在烹煮之前再以冷水浸泡約5小時以上,才容易煮至軟爛,**花生一定要泡足時間,否則無法熟透,煮熟後具有沙沙的質感**,且甜味更佳,蓮藕則是先入滾水汆燙過一次,這可以去除多餘澱粉質,這樣湯不容易黑。

材料

蓮藕 250 公克
生花生 100 公克
排骨 600 公克
玉蜀黍 1 根
薑 1 小段
蒜頭 5 瓣

調味料

麻油 1 小匙
醬油膏 1 小匙
雞高湯 2200 cc
黑胡椒少許

作法

1 排骨洗淨切小塊,放入滾水中以中火燙煮約 5 分鐘,撈出瀝乾,備用。

2 生花生泡水 5 小時,瀝乾洗淨,備用。

3 蓮藕去皮洗淨,切成約 3 公分大的滾刀塊,放入滾水中汆燙,撈出瀝乾,備用。

4 薑去皮切片,玉米去皮切塊後洗淨,備用。

5 熱湯鍋,先放入作法 1、2 和 3 材料與所有的調味料拌勻,以中小火煮約 40 分鐘,最後放入玉米續煮約 10 分鐘即可。

TIPS:試吃一下花生有沒有熟透,如果太硬可再多煮一下,玉米最後放剛好煮熟就好,若煮過久玉米的甜味會流失。

蓮藕的挑選和保存。

保存蓮藕要先洗淨,再泡入冷開水中,並加入 1 小匙鹽巴,水要完全蓋過蓮藕,再加蓋放入冰箱中冷藏,使用前必須每天換水,如此可以保存約 1 週。

Chapter

4

冬季料理

濕冷的冬天是四季之末，

是個神奇的季節，

留有充足時間給大地休養生息，

在此時

人們把握時機多吃些溫暖養生料理，

暖身暖胃儲存身心靈都能滿足的能量。

大地的美味

結球白菜

娃娃菜

白蘿蔔

西洋芹

花椰菜

高麗菜

台菜一定要有的**爆香**材料

Q1 為什麼台菜爆香三寶是「蔥薑蒜」？

台灣料理蔥三寶「蔥、薑、蒜」都是為了給料理提香去腥，增加菜色的層次而使用，若少了蔥薑蒜就等於不是台灣料理的味道啦！

1. 青蔥的蔥白用來炒香，蔥綠起鍋前放入可以提香添色；紅蔥頭通常為滷肉前的爆香料，常用在客家料理、老台菜等。

2. 蒜頭通常使用各式料理蔬菜油炒時提香，還有醃肉時蒜末更是不可缺，燉蒜頭雞湯更是感冒時的好朋友，蒜味可說是任何料理的和平大使，通通都能用。

3. 嫩薑通常使用在汆燙海鮮、沾醬、肉餡，炒海鮮等。老薑通常使用在燉煮、滷肉、三杯料理，味道較重或燉補料理使用。

Q2 在家要如何保存蔥薑蒜？

在家裡可以先做好前處理，如：青蔥可以切小段，切蔥花，蒜頭切碎與整顆，薑切片，切碎，以上蔥薑蒜都切好尺寸，分別使用夾鍊袋，一次使用的量分包成小包，放入冷凍庫保存，要使用時，無需解凍就可以直接使用，大約 1 個月內為賞味期。還是建議大家都別買太多，要使用時採買一些最新鮮。

Q3 台灣菜常出現菇類，香菇、花菇用法不同嗎？

乾香菇與花菇是不一樣，乾香菇是 (圍) 段木香菇品種，低海拔即可以種植，香氣足，一般用在爆香或是煮香菇雞湯；花菇屬於原日本種，個頭較大又肥厚，表面裂得像花一樣所以稱花菇，很吸湯汁，一般用在燉滷料理上相當適合。

乾貨都務必要泡冷水約 30 分鐘，一定要用「冷水」才可以慢慢讓乾香菇（花菇）軟化，味道不流失。如果來不及泡冷水，只好使用滾水泡一下，至乾香菇軟化即可。

Q4 辣椒是料理配色最佳食材，怎麼挑？

辣椒在台灣常見的為紅辣椒、綠辣椒、雞心椒、朝天椒等品種，愛吃辣的挑小的朝天椒，在爆香時就加入一起炒讓辣度釋放，只需一點點就很辣，若是不愛吃辣卻又要配色者，可以排選大的紅辣椒，將辣椒對半剖，將籽刮除後切片，起鍋前再加入即可，這樣辣度較不會出來。

🍴 麻油雞飯

長糯米泡夠久就容易煮熟

麻油雞飯是經典的糯米飯，選用長糯米口感較為黏稠，香氣足夠。**長糯米如果淨泡 30 分鐘以上**，然後記得任何麻油料理，都必須先以中火將薑片煸炒至邊緣略焦微捲，這樣香味才會足，更有暖身功效，只要長糯米浸泡時間足夠，再與麻油和雞肉一起炒香，瓦斯爐上煮 15 分鐘香噴噴搞定。

如果覺得不好消化，選用白米或蓬萊米作法也相同，水分控制為米：水為 1：1.1。除了直接在瓦斯爐上製作，也可在炒均勻後放入電子鍋中按煮飯鍵，或者放入電鍋，外鍋加入約 260 cc 水分即可。

材料

去骨雞腿排 2 片
長糯米 300 公克
乾香菇 8 朵
薑 1 小段
蒜頭 8 瓣

調味料

料理米酒 2 大匙
麻油 2 大匙
醬油 2 大匙
水適量（蓋過主食材的水量）

作法

1 長糯米洗淨，泡水 1 小時，瀝乾水分，備用。

2 去骨雞腿排洗淨，切小塊，備用。
　TIPS：可切大塊些，煸炒之後會略縮小。

3 乾香菇泡軟切片，薑和蒜頭去皮切片，備用。

4 熱鍋倒入少許油燒熱，加入雞腿排塊，以中火將雞皮的油質煸出來，加入麻油和薑片繼續煸至乾香，再加入香菇片和蒜頭片續炒。
　TIPS：乾鍋逼出雞皮的油脂是向食材借油，運用天然油脂能少放一點油，若不是用不沾鍋，怕這動作會黏鍋，只需加極少量的油即可。

5 最後將作法 1 糯米和所有調味料放入作法 4 鍋中，拌勻後加蓋以中小火煮約 15 分鐘至米心熟透即可。

雞腿去不去骨都好吃

材料中採用去骨雞腿排是方便食用，可以直接超市採買，若在市場時請攤商處理好，回家後才發現沒去骨，自己又不會的話，直接切塊下鍋煮也是很美味的喔！

延伸料理 黃金玉米豬肉餡

材料
豬絞肉 250 公克
玉米粒 250 公克
蒜頭 2 瓣
乾香菇 2 朵
香菜根 1 根
辣椒 1/3 根
豬肥油 30 公克

醬汁
麻油 1 大匙
鹽巴少許
白胡椒少許
五香粉少許
水適量
太白粉適量

作法

❶ 玉米粒略切，瀝乾水分，備用。

　　TIPS：玉米顆粒較硬，稍微切過口感比較好也容易入味。也可使用現成玉米粒。

❷ 乾香菇泡冷水至軟後切小丁，蒜頭去皮、辣椒去蒂、香菜洗淨，均切碎，備用。

❸ 將豬絞肉、豬肥油和所有調味料一起放入大盆中攪拌均勻，加入所有作法❶和❷的材料一起再次攪拌均勻成餡料即可。

　　TIPS：豬肉餡稍微攪拌或抓一下，不會散開即可，過度擇打會使口感變硬。

🍴 高麗菜豬肉水餃

加油三點水
水餃不糊剛好熟

大廚
美味重點

水餃餡的豬肉完美比例是瘦肉 3 份、肥油 1 份最完美。至於高麗菜，切好之後一定要先擠乾水份，鮮甜滋味才能濃郁。好吃的水餃需要恰到好處的煮功，煮滾一鍋水加入 1 大匙油防止水餃互相沾黏，下水餃後維持中大火，再次滾開後加入 100 cc 冷水，重複水滾和加水的動作，第三次加水後繼續煮至滾開，立刻將水餃撈出瀝乾水分，拌上少許香油就大功告成啦。

材料

水餃皮 20 張
豬絞肉 200 公克
高麗菜 350 公克
蒜頭 2 瓣

乾香菇 2 朵
香菜根 1 根
辣椒 1/3 根
豬肥油 30 公克

調味料

麻油 1 大匙
鹽巴少許
白胡椒少許
五香粉少許
水適量
太白粉適量

作法

1 高麗菜洗淨切小丁，放入大盆中加入 2 大匙鹽巴拌勻去青軟化後，擠乾去水，備用。
   TIPS：高麗菜去青軟化後會出水，一定要擠乾水分再與肉餡拌勻。

2 乾香菇泡冷水至軟後切小丁，蒜頭去皮、辣椒去蒂、香菜洗淨，均切碎，備用。
   TIPS：配料的分量可以隨喜好調整分量，辣椒也可以使用辣油。

3 將豬絞肉、豬肥油和所有調味料一起放入大盆中攪拌均勻，加入所有作法 1 和 2 的材料一起再次攪拌均勻成餡料，備用。
   TIPS：豬肥油是絞碎的豬肥肉，適量添加可以增加湯汁與柔軟的口感，如果豬絞肉已選用較肥的部位，則不需再另外添加。

4 水餃皮一次取出，攤開分別放入適量餡料，邊緣抹上少許水再捏合收口起來即可。

— 包**水餃**有一套 —

使用現成水餃皮，加點手粉用擀麵棍輕輕擀平，中間放入少許餡料，鋪成長條狀，水餃皮外圍均勻抹少許水再捏緊收口，就能飽滿又漂亮。

延伸料理

臘肉炒高麗菜

材料

臘肉 130 公克
高麗菜 1/2 顆
紅蘿蔔 50 公克
蒜頭 2 粒
薑 15 公克
辣椒 1 根

醬汁

鹽巴少許
白胡椒少許
水適量
香油 1 小匙
米酒 1 大匙

作法

❶ 高麗菜洗淨切大塊，放入大塑膠袋中，加入 1 小匙鹽巴，抓住袋口充分搖晃讓高麗菜軟化，備用。

❷ 臘肉切小片，蒜頭去皮切片，紅蘿蔔去皮切絲，薑去皮切絲，辣椒去蒂切片，備用。

TIPS：臘肉選擇比例均勻的三層肉或肥肉較多的部位，能增加高麗菜的香氣與甜味。

❸ 熱鍋倒入 1 大匙油燒熱，放入臘肉片以中小火爆香，再加入紅蘿蔔片、蒜頭片、薑絲和辣椒片一起炒勻，最後高麗菜與所有調味料，以大火翻炒均勻即可。

🍴 培根炒高麗菜

鹽巴去水怎麼炒都好吃

高麗菜一年四季都有，但主要產季在冬季，所以冬天的高麗菜最好吃，因為比其他葉菜含水量高，葉梗也較粗，**先利用塑膠袋加鹽巴去青、去水最方便快速**，再下鍋炒就能縮短時間，入味熟成還能保留脆口感呢！

挑高麗菜先看外表，頭尖尖像個金字塔的會比較好；其次要挑重量，挑高麗菜不像挑蘿蔔越重越好，反而輕些的葉梗較細、葉片發展較好，比沉重紮實的要好吃。

材料

高麗菜 1/2 顆
培根 3 片
紅蘿蔔 50 公克
蒜頭 2 瓣
薑 15 公克

調味料

鹽巴少許
白胡椒少許
水適量
香油 1 小匙
米酒 1 大匙

作法

1 高麗菜洗淨切大塊，放入大塑膠袋中，加入 1 小匙鹽巴，抓住袋口充分搖晃讓高麗菜軟化，備用。

TIPS：高麗菜先軟化處理，就不用炒太久失去甜度。

2 培根切小片，蒜頭去皮切片，紅蘿蔔去皮切絲，薑去皮切絲，備用。

3 熱鍋倒入 1 大匙油燒熱，放入培根片以中小火爆香，再加入紅蘿蔔片、蒜頭片和薑絲一起炒勻，最後高麗菜與所有調味料，以大火翻炒均勻即可。

TIPS：爆香培根片火小些，慢慢讓培根把香氣散發出來，又不過焦，最好吃。

鹽巴保存有撇步

市售的鹽很多種，可依個人需求夠買即可，無論精鹽或海鹽都可以，因為台灣氣候潮濕，建議依個人需求最少量購買，以最小瓶包裝或小罐最佳。存放一定要放用密封罐，才不會因受潮流出水分造成結塊，影響使用上的便利性。

延伸料理 奶油焗白菜

材料

大白菜 1/2 顆
木耳 2 片
金針菇 1/2 包
紅蘿蔔 1/3 條
鮮香菇 3 朵

調味料

鹽巴少許
白胡椒少許
香油 1 小匙
醬油 1 小匙
雞高湯 450 CC

焗烤醬

乳酪絲 50 公克
奶油 1 小匙
鮮奶 50 CC
麵粉 2 大匙
水適量

作法

❶ 大白菜洗淨切大塊，備用。

❷ 木耳洗淨、紅蘿蔔去皮和鮮香菇全部都切絲，金針菇洗淨去蒂，備用。

❸ 熱鍋放入作法❶和❷與調味料一起以中火煮軟，備用。

❹ 熱鍋放入乳酪絲以外的所有焗烤醬材料以小火拌煮至濃稠，備用。

TIPS：邊攪拌邊煮，醬汁能更均勻細緻，不結塊、不燒焦。

❺ 將作法❸放入大烤盤中，加入作法❹再撒上乳酪絲，移入預熱為 200℃ 的烤箱中烘烤約 15 分鐘至乳酪絲呈金黃色即可。

🍴 大白菜豬肉卷

去除厚葉梗
大白菜更容易包捲

（大廚
美味重點）

以大白菜作為包捲餡料的外皮材料時，除了要選取外圍較大片的，才容易包捲外，入滾水中稍加汆燙可讓葉片變柔軟，也要將白菜梗較厚的地方去除，捲起來時才不會因為太厚不好捲或破掉。收口時要固定，入鍋時開口處也要朝下，才不會在烹調過程中打開。

材料

大白菜葉 3 片
豬絞肉 300 公克
蝦仁 100 公克
蒜頭 3 瓣
辣椒 1/2 條
香菜 2 根

調味料

A 鹽巴少許
　白胡椒少許
　香油 1 小匙
　砂糖少許
　太白粉 1 小匙

B 醬油 2 大匙
　香油 1 小匙
　砂糖 1 小匙
　水 600 cc
　鹽巴少許
　白胡椒少許

作法

1 大白菜輕輕拔下葉片，放入滾水中汆燙至軟，撈出攤開略放涼，輕輕去除粗梗，備用。

2 蝦仁洗淨和豬絞肉都剁碎，備用。

3 蒜頭去皮、辣椒去蒂、香菜洗淨，全部切碎狀，備用。

4 將作法 2 和 3 所有材料和調味料 A 一起放入大碗中，用力抓勻後，再摔打成有彈性的肉團，備用。
　TIPS：抓揉摔打至肉團出筋，口感才有彈性。

5 將處理好的大白菜葉鋪平，中央放入做作法 4 肉餡，再捲起成長條，以切絲的蒜苗綠綁好固定，備用。
　TIPS：一定要捲緊、綁緊，才不會在煮的時候散開。

6 熱鍋放入所有調味料 B、湯頭材料和大白菜捲，以小火燉煮約 10 分鐘即可。

相同作法，只要將蘿蔔換成冬瓜，就是另一道盛菜。

延伸料理 白蘿蔔片夾肉蒸

材料

白蘿蔔 250 公克
豬絞肉 200 公克
豬肥油 30 公克
薑 15 公克
芹菜 1 根
蒜頭 1 瓣

調味料

A 鹽巴少許
　白胡椒少許
　香油 1 大匙
　米酒 1 小匙
　蛋白 1/2 顆
　玉米粉 1 大匙
B 雞高湯 500 cc
　鹽巴少許
　醬油 1 小匙
　香油 1 小匙

作法

❶ 蒜頭和薑去皮、芹菜洗淨，全都切碎，備用。

❷ 豬絞肉和豬肥油混合再次剁成泥狀，放入大碗中，加入作法❶材料和調味料 A，用力抓勻後，再摔打至成有彈性的肉團，備用。

TIPS：肉餡抓摔至有彈性，夾入之後才不會散掉。

❸ 白蘿蔔洗淨去皮，切成約 4 公分寬的蝴蝶片，每個內側撒上少許玉米粉，分別夾入適量作法❷，排入盤中加入調味料 B，移入電鍋中蒸約 20 分鐘即可。

TIPS：蘿蔔一刀切斷、一刀不切斷，切成夾狀。撒上一些粉可以幫助肉餡不脫落。蘿蔔也可替換成茄子或櫛瓜。

🍴 蘿蔔燴瑤柱

干貝是鮮味極高的食材，但也帶有腥味，要去掉腥味而留下鮮味，酒就是個好幫手，其中又以**紹興的味道最合**。加點紹興酒一起蒸30分鐘，除了能讓提昇干貝的風味，對蘿蔔也具有增加香氣、去除苦澀味的妙用，可說是這道料理不可缺少的重要調味料。

材料
白蘿蔔 1/2 條
青江菜 6 朵
干貝（瑤柱）6 粒

湯頭
雞骨架 2 個
後腿肉 1200 公克
金華火腿 50 公克
家鄉肉 50 公克
干貝 30 公克
乾香菇 5 朵
青蔥 3 根
蒜頭 5 瓣
薑 25 公克

調味料
鹽巴少許
白胡椒少許
水 4500 cc

調味料
上湯 400 cc
鹽巴少許
白胡椒少許
紹興酒 1 大匙
香油 1 小匙

作法

1 後腿肉洗淨切大塊，雞骨架洗淨，再放入滾水中汆燙一下，撈出瀝乾水分，備用。

   TIPS：熬製上湯的材料很多，新鮮肉類材料先燙過，湯頭才能清澈爽口。

2 白蘿蔔去皮切塊，用薑片和可以蓋過蘿蔔的水量放入電鍋，外鍋一杯水蒸半小時。

3 蒜頭去皮拍扁，青蔥洗淨切大段，薑去皮拍扁，乾香菇泡軟，瑤柱與少許絕興酒浸泡備用。

4 熱湯鍋倒入 1 大匙油燒熱，放入蒜頭、青蔥和薑以中火爆香，加入所有調味料和金華火腿、家鄉肉、瑤柱、乾香菇、後腿肉，以中小火燉煮約3小時即為簡易上湯。

5 將白蘿蔔塊與瑤柱和上湯一起放入鍋中，煮至蘿蔔與干貝都軟化時，起鍋，再用燙熟的青江菜圍邊裝飾即可。

延伸料理 蒜香鹹豬肉

材料

客家鹹豬肉
350 公克
蒜苗 3 根
洋蔥 1/2 顆
蒜頭 3 瓣
辣椒 1 根

調味料

鹽巴少許
黑胡椒少許
香油 1 小匙
砂糖 1 小匙
雞粉 1 小匙
水適量

作法

❶ 鹹豬肉洗淨擦乾，切片，備用。

　TIPS：擦乾水分入鍋炒更能炒出香氣。

❷ 蒜苗洗淨切片，洋蔥去皮切絲，辣椒去蒂切片，蒜頭去皮切片，備用。

❸ 熱鍋倒入 1 大匙油燒熱，放入鹹豬肉片以中火爆香，再加入所有作法❷材料炒勻，最後加入所有調味料再次炒勻即可。

　TIPS：檸檬味道很合，可適量切些檸檬片或檸檬角，食用時搭配著吃。

🍴 客家鹹豬肉

好吃的鹹豬肉必須不太乾，也不太油膩。這取決於選用的豬肉條本身，具有什麼樣的肥瘦比例，肥肉和瘦肉又是如何分布在整塊肉上。不論挑選三層肉或是五花肉，都可以分為皮、瘦肉和肥肉三個部分，其中肥肉和瘦肉各有不同，製作鹹豬肉要挑選瘦肥各半、分層均勻，大約位於三層肉中間的部位，瘦肉過多會太乾，肥肉過多會太油膩，口感都不算好。

醃漬的時候搓揉的功夫不能偷懶，鹹豬肉放入塑膠袋中，雙手掌包著肉互相搓揉，同時產生熱，可以軟化肉質、幫助入味，讓肉質吃起來更水嫩。

材料

三層肉 1 條
（約 250 公克）
薑 20 公克

醃料

八角 1 粒
丁香 3 粒
五香粉 1 大匙
鹽巴 1.5 大匙
白胡椒粉 1 小匙
砂糖 1 大匙
蒜頭 3 瓣
沙拉油 1 大匙

作法

1　三層肉切成長條狀，洗淨後擦乾水分，備用。
　　TIPS：不要切太厚，不容易入味。

2　所有醃料全部放入容器中，攪拌均勻，備用。

3　將作法 1 以作法 2 均勻塗抹，再排入攤開的保鮮膜上並包好，放入冰箱中冷藏醃漬。

4　每天取出作法 3 翻面搓一搓，冷藏醃漬三天入味後即可。
　　TIPS：翻面搓勻是為了幫助入味均勻。

鹹豬肉簡易吃法

製作好的鹹豬肉可以冷凍保存方便隨時取用，簡單的吃法就是取出退冰之後，先清洗掉表面過多的鹽分，然後整塊放入平底鍋中，以約 2 大匙油中小火慢慢煎至表面均勻金黃，或烤箱以上火 200℃、下火 190℃，約每 3 分鐘取出翻面一次，烘烤約 20 分鐘至熟透。煎熟或烤熟後切片，搭配以 3 瓣蒜頭碎、3 大匙工研醋、1 小匙砂糖調勻的沾醬即可。

延伸料理 芹菜炒豆皮

材料

濕豆皮 2 片
芹菜 6 根
紅蘿蔔 60 公克
黃甜椒 1/2 顆
蒜頭 2 瓣
辣椒 1 根

調味料

醬油膏 1 大匙
鹽巴少許
白胡椒少許
香油 1 大匙
砂糖 1 小匙
米酒 1 小匙

作法

❶ 熱平底鍋倒入適量油燒熱，放入濕豆皮以中火煎至
上色，盛出切絲，備用。

TIPS：豆皮先煎至金黃，之後炒香氣更好，也容易炒散。

❷ 芹菜摘除葉子，洗淨切小段；黃甜椒去蒂及籽後洗
淨，切絲，紅蘿蔔去皮切片；蒜頭去皮、辣椒去蒂，
全都切片；備用。

❸ 熱鍋倒入 1 大匙香油燒熱，放入作法❷翻炒均勻，
再加入所有調味料和作法❶以大火翻炒均勻即可。

🍴 芹菜炒魷魚

切花汆燙
魷魚鮮嫩又入味

(大廚
美味重點)

直接採買發好的魷魚，製作上快速方便很多，洗乾淨之後切出花紋，再切片成想要的大小，滾水汆燙過，前處理就算完成了。這樣處理過的魷魚下鍋炒可以更快速，最大限度的維持鮮度，也最入味。如果要自己發魷魚，其實也並不困難，**一尾魷魚搭配 60 公克鹽的方式泡水**，持續 24 小時以上，就能充分發脹軟化，夏天氣溫高時可放入冰箱泡發，或者多換幾次水才不會變質。

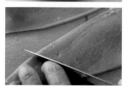

材料

芹菜 200 公克
水發魷魚 1 尾
紅甜椒 1/2 顆
黃甜椒 1/2 顆
蒜頭 3 瓣
辣椒 1 根
薑 15 公克

醃料

米酒 1 大匙
香油 1 大匙
鹽巴少許
白胡椒少許
玉米粉水適量
沙茶醬 1 大匙

作法

1 水發魷魚去除軟骨，從內面先劃出花狀再切條，放入滾中汆燙過水，備用。
　TIPS：魷魚的外皮可依喜好選擇要不要去掉。

2 芹菜摘除葉子，洗淨切小段；備用。

3 紅、黃甜椒去蒂及籽後切菱形；蒜頭去皮和辣椒全部切片；薑去皮切絲；備用。

4 熱鍋倒入適量油燒熱，放入作法 3 以中火爆香，再加入作法 1 和 2 炒勻，最後加入調味料（太白粉水除外）再次翻炒均勻，最後以太白粉水勾薄芡即可。

🍴 咖哩花椰菜

花椰菜放入加 1 大匙油的滾水中汆燙，撈出過冰水快速冷卻後瀝乾。另外，咖哩和薑黃要炒過，才能真正放出香氣，都需要加奶油，才會讓咖哩香氣釋放出來。

材料

白花椰菜 1/2 棵
紅蘿蔔 30 公克
蒜頭 3 瓣
辣椒 1 根
薑黃 5 片

調味料

咖哩粉 2 大匙
奶油 30 公克
鹽巴少許
黑胡椒少許
雞高湯 350 cc

作法

1 白花椰菜切成小朵，洗淨泡水，備用。

2 紅蘿蔔去皮切小片；蒜頭去皮、辣椒去蒂，全都切碎；薑黃去皮切片；備用。

3 熱鍋放入奶油燒融，放入薑黃與咖哩粉以小火慢慢炒香，再加入其他的材料一起翻炒，最後加入所有調味料燴煮至白花椰菜熟透即可。

怎麼處理花椰菜才安心

花椰菜長得好密，怎麼清洗總是令人疑惑，

1 直接整棵沖水至少 2 分鐘；

2 修成小朵；

3 再次洗淨並將葉梗上的粗皮去除；

4 浸泡食用小蘇打粉水或檸檬汁 10 分鐘去除農藥重金屬（如果沒有，可以用極小的流動清水再次沖泡 10 分鐘），直到要料理前，先入滾水汆燙一下，就能比較安心囉！

🍴 馬鈴薯煎蛋

馬鈴薯泡水煎香很重要

這是一道可以當成早午餐主食的料理,既可以吃飽也可以吃巧,相當好做喔!

怕馬鈴薯不容易熟,可以先用半杯水在電鍋裡蒸熟,不過最香最好吃的方法是,直接去皮切片,先泡冷水去除多餘澱粉質後,以小火煎上色煎熟,最後再加入蛋液一起,香氣十足風味更是好得不得了。

材料

全蛋 3 顆
馬鈴薯 1 顆
紅甜椒 1/3 顆
培根 1 片

調味料

鹽巴少許
白胡椒少許
鮮奶 100cc
奶油 20 公克

作法

1 首先將馬鈴薯去皮,再蒸熟切碎備用。

2 將紅甜椒,培根都切碎備用。

3 將雞蛋敲至容器中,再加入作法 1、2 的材料,再加入所有調味料(奶油除外)。攪拌均勻備用。

4 取炒鍋先入奶油融化後,再加入攪拌好的蛋液,再以中小火煎至雙面熟化即可。

🍴 蘇格蘭雞窩蛋

絞肉摔出筋最好吃

大廚
美味重點

要做完美雞窩蛋，外層絞肉的重點是，一定要剁碎，絞肉要打水慢慢吸收水分，在入鍋半煎炸時還能保有多汁口感，最後要將絞肉摔出筋，不可以太硬即可包裹雞蛋外表，炸起來才會完整。

材料
全蛋 2 顆
豬絞肉 200 公克
蒜頭 3 瓣
香菜 2 根
蘿蔓心 3 片

炸粉
麵包粉 70 公克
麵粉 50 公克
全蛋 1 顆

調味料
鹽巴黑胡椒少許
太白粉 1 大匙

塔塔醬
美乃滋 150cc
酸黃瓜碎 1 大匙
洋蔥碎 2 大匙
蒜頭碎 1 小匙
蝦夷蔥碎 1 小匙
鹽巴黑胡椒少許

作法

1 雞蛋 2 顆煮約 5 分鐘，撈起泡冰水去殼；蘿蔓心洗淨切小片備用。

2 蒜頭與香菜切碎，加入鹽巴與黑胡椒及豬絞肉攪拌均勻，摔成出筋狀備用。

3 將去殼水煮蛋，外層包裹攪拌好的豬絞肉，再沾取麵粉一圈，再沾取蛋液，接著再沾取麵包粉，再放入已預熱好的 170℃ 的油鍋中，以半煎炸方式讓外表成金黃色，撈起濾油。

TIPS：這個動作是要讓肉熟，一下鍋不急著動待肉變色定形後，再慢慢翻動蛋的方向，讓全部的絞肉都能熟成。

4 將塔塔醬材料依序加入容器中，攪拌均勻當作醬料備用。

6 最後將蘿蔓心鋪底，炸好的蘇格蘭蛋放入蘿蔓心中，食用時搭配塔塔醬即可。

🍴 海鮮炒雙色花椰菜

蔬菜與海鮮分開汆燙
食材樣樣都美味

大廚
美味重點

蔬菜與海鮮，海陸兩種鮮甜食材的結合，總是令人驚豔，要料理得好吃卻不能偷懶，兩種類食材必須依照熟成的時間分開處理，最後才能合成一道完美的料理。花椰菜至少要燙 3 分鐘，而海鮮只需要快速過滾水，唯有分別處理好，才能得到脆甜蔬菜加鮮嫩海鮮的最佳口感。

材料

白花椰菜 1/3 棵
綠花椰菜 1/3 棵
鯛魚片 1 整片
淡菜 6 個
蒜頭 3 瓣
辣椒 1 條
香菜 2 根

調味料

鹽巴少許
白胡椒少許
水 350 cc
香油 1 小匙

作法

1　雙色花椰菜洗淨切小朵，放入滾水中汆燙，撈出泡水冷卻後瀝乾水分，備用。

2　鯛魚切片，淡菜洗淨，都放入滾水中汆燙後撈出，備用。
TIPS：海鮮材料雖然容易熟，先燙過可以去除雜味使味道更鮮美。

3　蒜頭去皮切片，辣椒去蒂切片，香菜洗淨切小段，備用。

4　熱鍋倒入 1 大匙油燒熱，放入所有材料大火炒勻，最後加入調味料炒勻，再放上香菜即可。

上湯煨娃娃菜

延伸料理

材料
娃娃菜 6 棵
青豆仁 1 大匙

調味料
上湯 500 cc
（作法請參考
本書 P.120）
香油 1 小匙
玉米粉水適量

作法
❶ 娃娃菜洗淨，與青豆仁一起放入滾水中汆燙，撈出
　瀝乾水分，備用。

❷ 熱鍋倒入上湯與作法❶以中火煨煮，待娃娃菜熟軟
　淋入香油，最後以玉米粉水勾薄芡即可。

　TIPS：如果沒有上湯，可以較濃的雞高湯替代。

🍴 白菜豬肉鍋

新鮮的豬肉片具有黏性，排在一起煮，熟了之後會自然黏合，利用這個特性製作出豬肉片花料理，又有個很美的名字「花開富貴」。豬肉片只需要一片片靠緊稍微捲起就能成為花形。要讓肉片肉質軟嫩，請等待白菜軟化後，再加入豬肉片，會讓豬肉熟度更剛好。

材料

五花肉火鍋肉片
180 公克
大白菜 1/2 顆
雞高湯 700 cc
蔬菜油 100 cc
香油 20 cc
香菜碎 2 根
青豆仁 30 公克

醬汁材料

薑碎 1 小匙
辣椒碎 2 大匙
甘草 2 片
丁香 2 粒
辣椒粉 1 小匙
乾辣椒 1 大匙
熟芝麻 1 大匙
蒜味花生 2 大匙

松子碎 1 大匙
砂糖 1 大匙
鹽巴少許
大紅袍粉 1 大匙

作法

1 大白菜對切後仔細洗淨，瀝乾水分，完整放入砂鍋中，再將適量火鍋肉片對稱放入白菜葉片夾層中，剩下的火鍋肉片捲起排成一朵花放入鍋中，再加入雞高湯，以大火煮滾。

   TIPS：大白菜的根部容易積砂，清洗時要特別留意。

2 趁著作法 1 還沒滾開，將所有醬汁材料放入調理機裡攪拌成小顆粒，備用。

3 熱鍋倒入蔬菜油和香油燒熱，倒入作法 2 拌炒加熱到冒煙，熄火淋入作法 1 砂鍋的白菜上，最後再撒上熟青豆仁即可。

   TIPS：熱油可把所有香味材料的香氣完全逼出來，但注意一但冒煙要立刻熄火，以免出現焦味。

延伸料理 清燉藥膳羊肉爐

材料

羊肉（去皮帶骨）3 斤
老薑片 50 公克
蒜頭 20 瓣
青蔥段 5 根
羊肉爐中藥滷包 1 包
白蘿蔔塊 2/3 條
大白菜 1/2 顆

調味料

A 米酒 250 cc
　羊骨高湯 3,000 cc

B 豆瓣醬 1 大匙
　醬油 2 大匙
　鹽 1 小匙
　冰糖 2 大匙
　麻油 3 大匙

C 豆腐乳 1 大匙
　砂糖 1 小匙
　海山醬 2 大匙

作法

❶ 羊肉切塊放入滾水汆燙，撈出洗淨；蒜頭拍扁去皮；大白菜洗淨切小塊；備用。

❷ 熱湯鍋倒入麻油燒熱，放入薑片中火炒至微乾，加入豆瓣醬、冰糖及醬油以中火炒約 1 分鐘，再加入羊肉塊炒約 3 分鐘，再加入調味料 A、白蘿蔔、白菜和中藥包煮滾，轉小火煮 1.5 個小時，以鹽調味後熄火。

　TIPS：可以喜好搭配其他火鍋配料。中藥房購買的羊肉爐滷包比市售現成氣味更香純。

❸ 食用時搭配調勻的調味料 C 做為沾醬即可。

🍴 白蘿蔔清燉羊肉湯

羊肉先爆香再煮
湯頭濃郁沒有羊騷味

大廚
美味重點

羊小排或火鍋羊肉片都可以製作這道料理，但不管選擇哪一種，都要先炒過，邱主廚選用帶骨羊小排，就省去買羊骨燉高湯這動作，將羊肉爆香逼出油脂油香來，用羊肉本身的油脂來燉煮，不用費時先燉高湯就能好濃郁，同時降低羊騷味。羊肉片肉薄，爆香時間短些，如果是帶皮羊肉就算汆燙過，也一樣要經過爆香，且可爆香長一點的時間。

材料

帶骨羊小排 5 根
（約 700 公克）
老薑 50 公克
蒜頭 12 瓣
白蘿蔔 1/2 條
枸杞 1 小匙

調味料

紅糟醬 2 大匙
米酒 3 大匙
麻油 2 大匙
鹽巴少許
水 2500 cc

作法

1 老薑去皮切片，蒜頭去皮，白蘿蔔洗淨去皮切小塊，備用。

2 熱鍋倒入 1 大匙麻油燒熱，平放入羊小排以大火炒香，盛出，備用。

　TIPS：羊肉搭配麻油，味道最合，滋補效果也更好。雖然選用簡便的羊小排，也要先炒過，讓香氣先進入麻油中，之後燉煮蘿蔔味道才好。

3 作法 2 鍋再倒入 1 大匙麻油繼續燒熱，加入作法 1 材料以大火爆香，再加入所有調味料，大火煮滾後改中火燉煮約 40 分鐘，最後加入作法 2 羊小排與枸杞續煮 10 分鐘即可。

大廚到我家 2

邱寶郎的四季廚房

吃當令享美味的 101 道私廚菜譜

作　　　者／邱寶郎
專 案 統 籌／劉文宜
美 術 編 輯／申朗設計
攝 影　師／詹建華
企畫選書人／賈俊國

總　編　輯／賈俊國
副 總 編 輯／蘇士尹
編　　　輯／高懿萩
行 銷 企 畫／張莉滎　・　廖可筠　・　蕭羽猜

發　行　人／何飛鵬
法 律 顧 問／元禾法律事務所王子文律師
出　　　版／布克文化出版事業部
　　　　　　台北市中山區民生東路二段 141 號 8 樓
　　　　　　電話：(02)2500-7008　傳真：(02)2502-7676
　　　　　　Email：sbooker.service@cite.com.tw
發　　　行／英屬蓋曼群島商家庭傳媒股份有限公司城邦分公司
　　　　　　台北市中山區民生東路二段 141 號 2 樓
　　　　　　書虫客服服務專線：(02)2500-7718；2500-7719
　　　　　　24 小時傳真專線：(02)2500-1990；2500-1991
　　　　　　劃撥帳號：19863813；戶名：書虫股份有限公司
　　　　　　讀者服務信箱：service@readingclub.com.tw
香港發行所／城邦（香港）出版集團有限公司
　　　　　　香港灣仔駱克道 193 號東超商業中心 1 樓
　　　　　　電話：+852-2508-6231　　傳真：+852-2578-9337
　　　　　　Email：hkcite@biznetvigator.com
馬新發行所／城邦（馬新）出版集團 Cité (M) Sdn. Bhd.
　　　　　　41, Jalan Radin Anum, Bandar Baru Sri Petaling,
　　　　　　57000 Kuala Lumpur, Malaysia
　　　　　　電話：+603- 9057-8822　　傳真：+603- 9057-6622
　　　　　　Email：cite@cite.com.my
印　　　刷／韋懋實業有限公司
初　　　版／2019 年 05 月
售　　　價／380 元
Ｉ Ｓ Ｂ Ｎ／978-957-9699-81-5

城邦讀書花園　布克文化
www.cite.com.tw　WWW.SBOOKER.COM.TW